BIM造价软件应用实训系列教程

安装工程计量与计价实务

Anzhuang Gongcheng Jiliang Yu Jijia Shiwu

主 编　边凌涛　代 霞

副主编　廖袖峰　王玉和　肖 露　廖成成

参 编　罗 琦　樊志光　黄灵燕　龙 娇　刘中芳

主 审　徐 湛

BIM

重庆大学出版社

内容提要

本书以常见的房屋建筑给排水、暖通、电气和建筑智能化等安装工程施工图为例,以核心技能项目贯穿实践教学,并结合工程造价行业岗位需求及高等教育教学改革实践经验编写而成。本书共 8 个模块。模块 1—4 主要介绍建筑给排水、暖通、电气、建筑智能化的工程手工算量和 BIM 算量;模块 5—8 主要介绍建筑给排水、暖通、电气、建筑智能化的工程清单编制及组价。

本书可作为高等职业教育(含专科/本科)工程造价、建筑经济管理等专业建筑设备类课程的教材,或课程设计、实训的辅导资料,也可作为建筑安装工程技术人员、管理人员、造价师等培训的参考用书。

图书在版编目(CIP)数据

安装工程计量与计价实务 / 边凌涛,代霞主编.

重庆：重庆大学出版社,2025.1. -- (BIM 造价软件应用实训系列教程). -- ISBN 978-7-5689-4828-9

Ⅰ. TU723.3

中国国家版本馆 CIP 数据核字第 2024G1Y572 号

BIM 造价软件应用实训系列教程

安装工程计量与计价实务

主　编　边凌涛　代　霞

主　审　徐　湛

策划编辑　林青山

责任编辑:张红梅　　版式设计:林青山

责任校对:邹　忌　　责任印制:赵　晟

*

重庆大学出版社出版发行

出版人:陈晓阳

社址:重庆市沙坪坝区大学城西路 21 号

邮编:401331

电话:(023)88617190　88617185(中小学)

传真:(023)88617186　88617166

网址:http://www.cqup.com.cn

邮箱:fxk@ cqup.com.cn (营销中心)

全国新华书店经销

重庆升光电力印务有限公司印刷

*

开本:787mm×1092mm　1/16　印张:14.25　字数:395 千　插页:8 开 6 页

2025 年 1 月第 1 版　　2025 年 1 月第 1 次印刷

ISBN 978-7-5689-4828-9　定价:54.00 元

前　言

　　"安装工程计量与计价实务"涵盖多个专业的知识,也涉及国家及地区的相关规范,技术性、实践性很强。本书以培养造就更多数字化安装人才为目标,以服务中国特色社会主义事业为己任,参考《通用安装工程工程量计算规范》(GB 50856—2013)、《重庆市通用安装工程计价定额》(CQAZDE—2018)等国家及地区现行规范,并融入编者多年的工程实际经验及教学实践经验,在课堂教案与自编教材的基础上经多次修改、完善而成。本书贯彻党的二十大精神,落实"立德树人"的教育根本任务,注重培养具有工程思维、工匠精神、创新精神和良好职业素养的工程造价人才。

　　本书经过多次修改、完善,具有以下特色:

　　(1)以"立德树人"为出发点,挖掘知识点对应的育人元素,为教师提供课程思政实施方案,融入思想政治教育、职业素养教育元素和创新能力培养内容,以期达到"润物细无声"的效果;

　　(2)以真实案例"某职工服务平台建设工程项目"为载体,遵循"以学生为中心、教师为主导"的原则,用核心技能项目贯穿实践教学,实现教学目标"岗位化"、教学内容"任务化"、教学过程"职业化"、能力考核"工程化";

　　(3)广泛吸纳行业专家参与编写,贯彻"以实践为主、理论为辅"的原则,在内容安排上淡化理论,着重体现新技术、新工艺、新规范,帮助学生掌握知识并培养实际操作能力,具有实用性、针对性和通俗性;

　　(4)配有视频、Revit 模型、习题库、"某职工服务平台建设工程"工程量汇总表及预算文件等大量数字资源,供选用本书作教材的教师参考。

　　本书由重庆电子科技职业大学边凌涛、代霞担任主编,重庆市住房和城乡建设工程造价总站廖袖峰、重庆建筑工程职业学院王玉和、重庆电子科技职业大学肖露和廖成成担任副主编。本书具体编写分工如下:边凌涛、代霞编写前言、模块 3、模块 4、模块 7 和模块 8,与廖袖峰、王玉和、肖露、龙娇合编模块 1 和模块 5;与廖袖峰、廖成成、黄灵燕、刘中芳合编模块 2 和模块 6;与罗琦、樊志光合编三维模型及试题库等。祝骏钦、马超、张少成等为本书的编写提供了诸多指导、资料及案例。全书由重庆市住房和城乡建设工程造价总站徐湛主审,在此表示衷心感谢。

　　本书在编写过程中参考了大量已公开出版的书籍和资料,在此谨向有关作者表示由衷的感谢。由于编者水平有限,书中难免有不妥及错漏之处,敬请读者批评指正。

编　者
2024 年 10 月

目　录

模块 1

建筑给排水工程计量

任务 1.1 建筑室内生活给水系统

素质目标	知识目标	能力目标
（1）通过遵循规范准确列项，培养科学严谨的职业态度和良好的工作习惯； （2）通过精准算量多次校核完善数据，培养挫折承受能力和精益求精的职业精神	（1）掌握建筑室内生活给水工程工程量清单列项及算量方法； （2）熟悉《通用安装工程工程量计算规范》（GB 50856—2013）附录 K 中建筑室内生活给水工程项目编码、项目名称、项目特征、计量单位的内容	（1）能够依据施工图，按照相关规范，完整编制建筑室内生活给水工程工程量清单； （2）能够依据施工图，按照相关规范规定的工程量计算规则，计算建筑室内生活给水工程清单工程量

1.1.1 任务信息

本任务计算对象为"某职工服务平台建设工程项目"建筑室内生活给水系统，包括了室内生活给水管网及相关的阀门附件、套管等。

某职工服务平台建设工程——给排水施工图

本书配套图纸为"某职工服务平台建设工程项目施工图"，总建筑面积 6 790.73 m²，建筑体积约 29 000 m³，建筑使用性质为多层公共建筑，建筑层数为 6 层(4/-2F)，建筑高度为 17.1 m。本次任务为识读"某职工服务平台建设工程项目"给排水工程图纸中的"建筑生活给水系统"相关内容（包含设计说明、平面图、系统图、大样图等），依据《通用安装工程工程量计算规范》（GB 50856—2013）和《重庆市通用安装工程计价定额》（CQAZDE—2018）中的规定，采用手工算量和 BIM 算量两种方式计算建筑生活给水系统工程量。列项方式与《通用安装工程工程量计算规范》附录一致，并满足工程所在地计价定额相关要求。

1.1.2 任务分析

本次任务采用手工算量和 BIM 算量两种方式计量，二者的特点和操作方法均不同。手工算量利用看图软件自带的长度统计和数量统计功能进行工程量识别，区分项目名称、材质、规格等,并在 Excel 表中逐条录入信息。BIM 算量采用广联达 BIM 安装计量软件(GQI)进行三维模型搭建,项目名称、材质、规格等信息在软件中进行设置,并自动生成工程量计算表,且具备工程量反查功能。在实操过程中要注意总结两种计量方式分别在何种情景下计算何种对象的速度更快,要灵活使用软件的各种功能,并采用不易漏项的识图列项顺序,才能提升工作效率。

利用手工算量和 BIM 算量两种方法计算建筑室内生活给水系统工程量。

1)手工算量

利用 CAD 快速看图软件等测量工程量,在 Excel 表格中进行记录并汇总计算出工程量。计算过程中需要注意的主要事项如下:

①确认比例。测量长度之前,要确认图纸比例与软件实际测量比例一致,保证测量数据的准确性。

②确定室内生活给水管道的计算起点和终点。起点为室内外给水管分界点,即建筑物入口阀门处或建筑物外墙皮 1.5 m 处;终点为卫生器具与管道系统连接的最后一个连接件处。

③计算管道及相关项的工程量。分材质、规格计算给水管道工程量,并计算管道安装支架及刷油防腐等。

④计算安装于管道上的阀门附件工程量。截止阀、闸阀等,其规格应与所在管道相同。

⑤计算套管工程量。

2)BIM 算量

利用广联达 BIM 安装计量软件(GQI)构建建筑生活给水系统三维模型,并输出工程量。计算过程中需要注意的主要事项如下:

①建模前的准备,包括新建工程、设置工程、处理图纸等。

②软件建模算量时,室内给水系统需先计算线性工程量,再计算点式工程量。

③建模时,给水管道立管需要单独布置,设置立管的底标高及顶标高。

④建模完成后,需进行工程量反查核验。

1.1.3 知识链接

室内生活给水系统一般由引入管、水表节点、管道系统、用水设备、给水附件、增压和储水设备等组成。

识读给排水施工图时,首先查看图纸目录,检查图纸是否存在缺失;再看设计说明,掌握工程概况、技术指标、专项设计等,进而了解设计者的设计意图;最后粗略看图,细分系统,以分系统为主线结合系统图、详图等细读平面图,通过几种图的前后对照在脑海中形成三维图。

给水系统识图

1.1.4 任务实施

识读给排水系统原理图、给排水平面图,室内生活给水系统有 JL-01～04 四根立管,均从一层引入,引入管埋深 1 m。JL-01 管道系统给 1—3 层卫生间供水,JL-02 管道系统给-1—1 层淋浴间供水,JL-03 管道系统给-1 层游泳池供水,JL-04 管道系统给屋顶消防水箱供水。各层从距地0.8 m处分出支管,支管上安装阀门水表等。

根据给排水施工总说明可知,室内外给水管采用 PERT-Ⅱ铝合金衬塑复合管,执行标准为《铝合金衬塑复合管材与管件》(CJ/T 321—2010),热熔承插连接,室外给水管工作压力≥0.6 MPa。

1)手工算量

(1)确认比例

测量给排水平面图中任意一段已标注的线段长度,对比标注长度与实际测量长度是否一致,若一致则可进行后续算量工作;若不一致,则根据识图软件比例设置方法进行调整。

(2)确定室内给水管道的计算起点和终点

根据《通用安装工程工程量计算规范》(GB 50856—2013)"附录 K 给排水、采暖、燃气工程"中"K.10.1 管道界限的划分","给水管道室内外界限划分:以建筑物外墙皮1.5 m 为界,入口处设阀门者以阀门为界",结合给排水平面图,本任务中,室内给水管道的计算起点为建筑物外墙皮1.5 m 处,如图1.1.1所示。根据《重庆市通用安装工程计价定额 CQAZDE—2018 第十册 给排水、采暖、燃气安装工程》中"A 给排水、燃气、采暖管道"章节关于计算规则的说明"给水管道工程量计算至卫生器具(含附件)前与管道系统连接的第一个连接件(角阀、三通、弯头、管箍等)止",结合给排水平面图,本任务中室内给水管道的计算终点为卫生器具前与管道系统连接的第一个连接件。

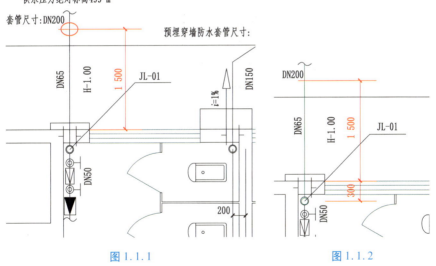

图1.1.1   图1.1.2

(3)计算管道及相关项的工程量

①干管及立管工程量计算。以 JL-01 管道系统为例,识读给排水系统原理图、给排水平面图,依据计算规则,分规格、材质等测量管道水平长度,如图1.1.2所示。竖向长度通过管道高差计算得出:竖向长度=顶标高−底标高。干管及立管工程量计算如下:

如何"准确"计算长度——给排水管道1

PERT-Ⅱ铝合金衬塑复合管 DN65：(0.3+1.5)［水平长度］+［0.8-(-1)］［竖向长度］= 3.6(m)。

PERT-Ⅱ铝合金衬塑复合管 DN50：(4.2-0.8+0.8)［竖向长度］=4.2(m)。

PERT-Ⅱ铝合金衬塑复合管 DN40：(4.2-0.8+0.8)［竖向长度］=4.2(m)。

如何"准确"计算长度——给排水管道2

②支管工程量计算。JL-01 管道系统给 1—3 层卫生间供水，识读卫生间给排水大样图、给排水平面图，2、3 层卫生间共用一个大样图，则其工程量完全相同，可用倍数思维，计算一个卫生间工程量再乘以相应倍数即可。1 层及 2、3 层给排水大样图依据计算规则，分规格、材质等测量管道水平长度，如图 1.1.3 所示。

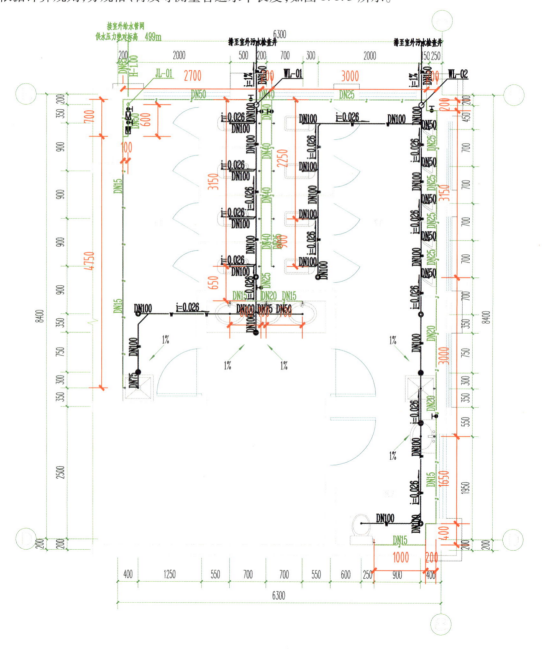

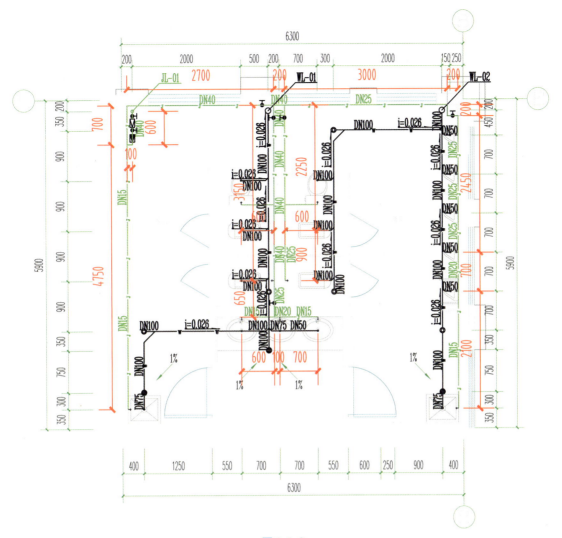

图 1.1.3

竖向支管长度通过支管(顶标高−底标高)计算得出,如图 1.1.4 所示。支管工程量计算如下:

a.1 层卫生间支管工程量:

PERT-Ⅱ铝合金衬塑复合管 DN50:(0.6+0.1+0.7+2.7)[水平长度]=4.10(m)。

PERT-Ⅱ铝合金衬塑复合管 DN40:(0.2+2.25+3.15)[水平长度]=5.60(m)。

PERT-Ⅱ铝合金衬塑复合管 DN25:(3+0.2+0.2+3.15+0.65+0.9)[水平长度]=8.10(m)。

PERT-Ⅱ铝合金衬塑复合管 DN20:(0.1+3)[水平长度]=3.10(m)。

PERT-Ⅱ铝合金衬塑复合管 DN15:(4.75+0.6+0.7+1.65+0.2+0.4+1)[水平长度]+[(0.8−0.6)×2+(0.8−0.4)][竖向长度]=10.10(m)。

b.2、3 层卫生间支管工程量:

PERT-Ⅱ铝合金衬塑复合管 DN40:(0.6+0.1+0.7+2.7+0.2+2.25+3.15)×2[水平长度]=19.40(m)。

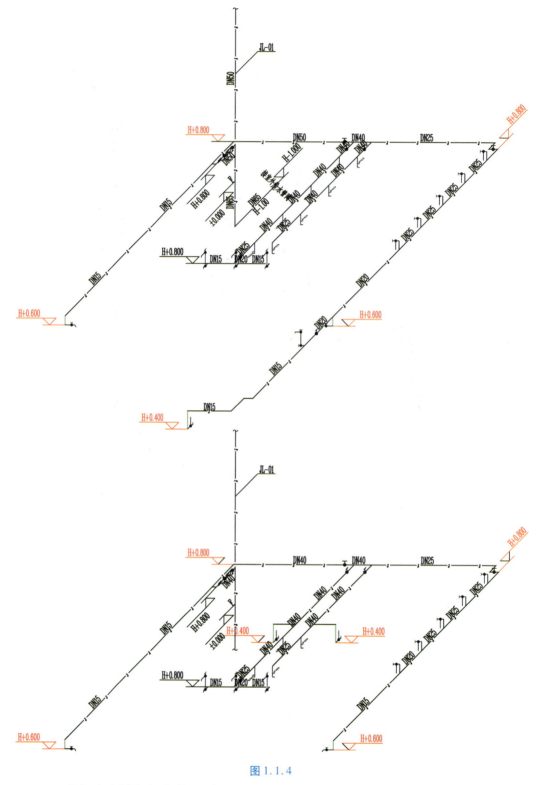

图 1.1.4

PERT-Ⅱ 铝合金衬塑复合管 DN25：(3 + 0. 2 + 0. 2 + 2. 45 + 0. 65 + 0. 9)×2〔水平长度〕=
14. 80(m)。

PERT-Ⅱ铝合金衬塑复合管 DN20:(0.1+0.7)×2[水平长度]=1.60(m)。

PERT-Ⅱ铝合金衬塑复合管 DN15:(4.75+0.6+0.7+2.1)×2[水平长度]+[(0.8-0.6)×2+(0.8-0.4)×2]×2[竖向长度]=18.70(m)。

③管卡工程量计算。根据《重庆市通用安装工程计价定额 CQAZDE—2018 第十册 给排水、采暖、燃气安装工程》中"A 给排水、燃气、采暖管道"章节"管道安装项目中,除室内直埋塑料给水管项目中已包括管卡安装外,均不包括管道支架、管卡、托钩等制作安装以及管道穿墙、楼板套管制作安装、预留孔洞、堵洞、打洞、凿槽等工作内容",给水管道管卡需单独计算。

给排水施工说明中规定:a. 立管每层设一管卡,安装高度为距地面 1.8 m;b. 室内所有管道应按有关施工验收规范设置管卡、吊架,支吊架在墙体内埋设时必须牢固。规范中关于给水系统的塑料管及复合管管道支架的最大间距的规定如表 1.1.1 所示。

表 1.1.1　塑料管及复合管管道支架的最大间距

管径/mm		12	14	16	18	20	25	32	40	50	63	75	90	110
最大间距/m	立管	0.5	0.6	0.7	0.8	0.9	1.0	1.1	1.3	1.6	1.8	2.0	2.2	2.4
	水平管 冷水管	0.4	0.4	0.5	0.5	0.6	0.7	0.8	0.9	1.0	1.1	1.2	1.35	1.55
	水平管 热水管	0.2	0.2	0.25	0.3	0.3	0.35	0.4	0.5	0.6	0.7	0.8	—	—

识读卫生间给排水大样图,文字说明中规定:户内水管管径≤DN25 的水管均暗敷,且应在工程竣工验收前做好标识;户内水管管径>DN25 水管均明装。因此,在 JL-01 管道系统中,只有 DN65、DN50、DN40 的管道需要计算管卡。管卡工程量计算如下:

管卡 DN50:1[立管]+4.1/1.1[水平管]≈5(个)

管卡 DN40:1[立管]+(5.6+19.4)/1[水平管]≈26(个)

依据计算规则,本任务室内给水系统 JL-01 管道系统中的管道及其相关项的工程量统计结果如表 1.1.2 所示。

表 1.1.2　JL-01 管道系统中的管道及其相关项的工程量

序号	项目名称	规格型号	计量单位	工程量	计算式	备注
1	PERT-Ⅱ铝合金衬塑复合管	DN65,热熔承插连接	m	3.60	((0.3+1.5)[水平长度]+[0.8-(-1)][竖向长度])[干管及立管]	
2	PERT-Ⅱ铝合金衬塑复合管	DN50,热熔承插连接	m	8.30	((4.2-0.8+0.8)[竖向长度])[干管及立管]+(0.6+0.1+0.7+2.7)[水平长度][1 层卫生间支管]	
3	PERT-Ⅱ铝合金衬塑复合管	DN40,热熔承插连接	m	39.20	((4.2-0.8+0.8)[竖向长度])[干管及立管]+((0.2+2.25+3.15)[水平长度])[1 层卫生间支管]+((0.6+0.1+0.7+2.7+0.2+2.25+3.15)×2[水平长度])[2、3 层卫生间支管]	

续表

序号	项目名称	规格型号	计量单位	工程量	计算式	备注
4	PERT-Ⅱ铝合金衬塑复合管	DN25,热熔承插连接	m	22.90	((3+0.2+0.2+3.15+0.65+0.9)[水平长度])[1层卫生间支管]+((3+0.2+0.2+2.45+0.65+0.9)×2[水平长度])[2、3层卫生间支管]	
5	PERT-Ⅱ铝合金衬塑复合管	DN20,热熔承插连接	m	4.70	((0.1+3)[水平长度])[1层卫生间支管]+((0.1+0.7)×2[水平长度])[2、3层卫生间支管]	
6	PERT-Ⅱ铝合金衬塑复合管	DN15,热熔承插连接	m	28.80	((4.75+0.6+0.7+1.65+0.2+0.4+1)[水平长度]+((0.8-0.6)×2+(0.8-0.4))[竖向长度])[1层卫生间支管]+((4.75+0.6+0.7+2.1)×2[水平长度]+((0.8-0.6)×2+(0.8-0.4)×2)×2[竖向长度])[2、3层卫生间支管]	
7	管卡	DN50	个	5	1[立管]+4.1/1.1[水平管]	
8	管卡	DN40	个	6	1[立管]+(5.6+19.4)/1[水平管]	

(4)计算安装于管道上的阀门附件工程量

区分种类、规格等,分别计算阀门附件的数量。识读给排水系统原理图确定安装在立管上的阀门附件,再识读给排水平面图确定安装在水平管上的阀门附件,同时需与大样图和设备材料表中阀门附件的种类数量进行比对,这样才能有效避免漏项和多项。

管道附件算量

本书配套项目室内生活给水管道系统主要由4根立管(JL-01~04)及其支管组成,而要计算的阀门、水表、用水设备等均安装在管道上。因此,可以沿着给水立管及其支管的布设分别进行计算。

JL-01管道系统上的阀门附件工程量,按图示数量计算如下:

DN65闸阀:1个[JL-01立管]

DN50截止阀:3个[1层卫生间支管]

DN40截止阀:2[1层卫生间]+5×2[2、3层卫生间]=12(个)

DN25截止阀:2[1层卫生间]+2×2[2、3层卫生间]=6(个)

DN20截止阀:1个[一层卫生间]

依据计算规则,本任务室内给水系统JL-01管道系统中阀门附件等的工程量如表1.1.3所示。

表 1.1.3　室内给水系统 JL-01 管道系统中阀门附件等的工程量

序号	项目名称	规格型号	单位	工程量	计算式	备注
1	闸阀	DN65,法兰连接	个	1	1[JL-01 立管]	
2	截止阀	DN50,螺纹连接	个	3	(1+1+1)[1 层卫生间支管]	
3	截止阀	DN40,螺纹连接	个	12	2[1 层卫生间]+5×2[2、3 层卫生间]	
4	截止阀	DN25,螺纹连接	个	6	2[1 层卫生间]+2×2[2、3 层卫生间]	
5	截止阀	DN20,螺纹连接	个	1	1[1 层卫生间]	
6	减压阀	DN50,螺纹连接	个	1	1[1 层卫生间]	
7	减压阀	DN40,螺纹连接	个	2	1×2[2、3 层卫生间]	
8	自动排气阀	DN40,螺纹连接	个	1	1[立管顶部]	
9	旋翼式水表	DN50,螺纹连接	个	1	1[1 层卫生间]	
10	旋翼式水表	DN40,螺纹连接	个	2	1×2[2、3 层卫生间]	

注:①规格型号需根据设计说明详细描述,提高后续询价的准确度,可利用看图软件进行管件文字搜索相关信息。

②阀门附件种类较多,需依据《通用安装工程工程量计算规范》和《重庆市通用安装工程计价定额》确定计算单位。

（5）计算套管工程量

给排水施工总说明规定,管道穿过内墙或楼板时设置钢套管,给水引入管穿越地下室外墙时设防水套管。依据计算规则,本任务室内给水系统 JL-01 管道系统中的套管工程量如表 1.1.4 所示。

如何"准确"
计算数量
——套管

表 1.1.4　室内给水系统 JL-01 管道系统中的套管工程量

序号	项目名称	规格型号	单位	工程量	计算式	备注
1	刚性防水套管	DN100	个	1	1	穿外墙,套管比管径 DN65 大两号
2	钢套管	DN100	个	1	1	穿 1 层楼板,套管比管径 DN65 大两号
3	钢套管	DN80	个	1	1	穿 2 层楼板,套管比管径 DN50 大两号
4	钢套管	DN65	个	4	1×3+1	穿 1—3 层卫生间隔墙+穿 3 层楼板,比管径 DN40 大两号
5	钢套管	DN40	个	4	1+1+1×2	穿 1—3 层卫生间隔墙,比管径 DN25 大两号

其他内容计算方法类似,详细见电子计算书。

2）BIM 算量

（1）新建工程

打开广联达 BIM 安装计量软件（GQI）,单击"新建",输入"工程名称","计算规则"选择"工程量清单项目设置规则（2013）",单击"创建",如图 1.1.5 所示。

图 1.1.5

在创建工程页面中,根据任务,填写工程名称"某职工服务平台建设工程",本书配套项目中包含给排水、电气、消防、通风空调、智控弱电等系统,为方便计算,"工程专业"按默认选择"全部"即可。"计算规则"选择"工程量清单项目设置规则(2013)"。"清单库"和"定额库"根据需要选择,若无须在软件中进行"套做法"操作,可以选择"无"。在算量模式中,简约模式适用于需要快速出量、不需要建立完整三维模型的情况;经典模式适用于传统建模模式,可以建立完整的三维模型,出量详细,对量简单,查找方便。可以根据需求进行选择。

(2)建模准备

建模前,依次完成工程信息填写、楼层设置、添加图纸、设置比例、切割及图纸定位。

①工程信息填写。工程信息对工程量计算影响不大,可以根据算量人员需求填写,如图1.1.6所示。

工程信息

	属性名称	属性值
1	⊟ 工程信息	
2	工程名称	某职工服务平台建设工程
3	计算规则	工程量清单项目设置规则(2013)
4	清单库	[无]
5	定额库	[无]
6	项目代号	
7	工程类别	住宅
8	结构类型	框架结构
9	建筑特征	矩形
10	地下层数(层)	2
11	地上层数(层)	4
12	檐高(m)	17.7
13	建筑面积(m2)	
14	⊟ 编制信息	
15	建设单位	
16	设计单位	
17	施工单位	
18	编制单位	
19	编制日期	2024-02-01
20	编制人	
21	编制人证号	
22	审核人	
23	审核人证号	

图 1.1.6

②楼层设置。结合工程实际如实添加楼层,并更改楼层层高数据。此外,由于屋面层需要布置给水管道及水箱等相关设备,因此还需要添加屋顶层。但考虑到这些设备均在软件默认层高3 m以内安装,所以屋顶层层高数据不用修改,也不会对安装工程量计算造成影响。类似地,还需要添加基础层。根据工程实际,基础层软件默认的层高数据(3 m)也无须修改,如图1.1.7所示。

图1.1.7

③添加图纸。添加工程施工图,作为软件建模的参照,辅助快速、准确建模,如图1.1.8所示。

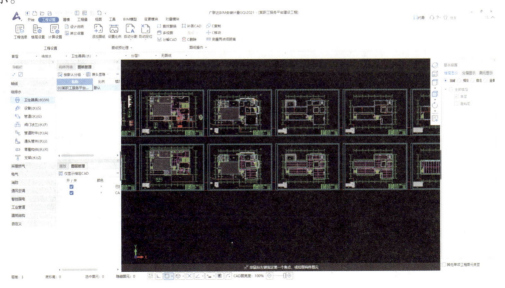

图1.1.8

④设置比例。图纸比例影响工程量计算的准确性,因此,在建模提量之前必须进行比例设置,确保软件比例与图纸比例一致,如图1.1.9所示。

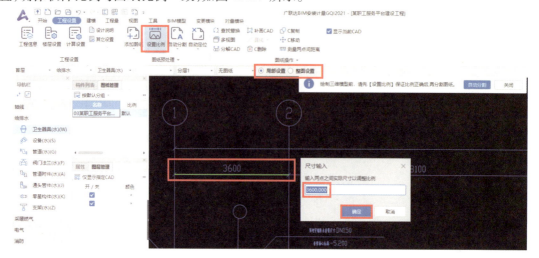

图1.1.9

⑤图纸切割。将施工图进行分割,对应至不同楼层及系统,为建模作准备。切割图纸可以只切割平面图,大样图及系统图可以不进行切割,直接在原图中查看,如图1.1.10所示。

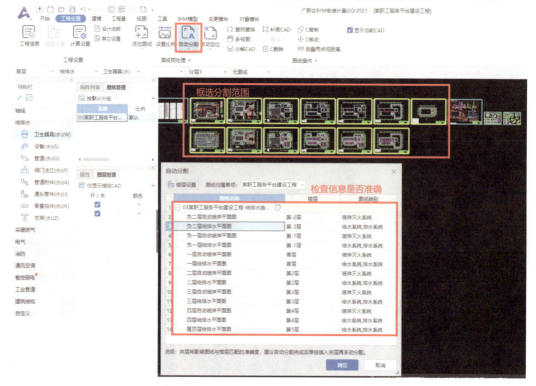

图1.1.10

⑥图纸定位。将分割后的图纸进行定位,可以保证上下楼层的图元对齐,方便三维状态查看整栋楼层状态以及专业之间的碰撞检查。图纸定位如图1.1.11所示。

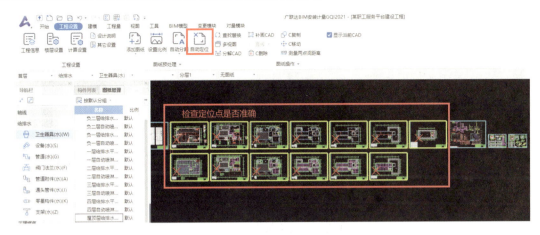

图 1.1.11

（3）计算管道工程量

在软件构件列表菜单下新建生活给水管道构件并设置其属性，单击"直线"，在绘图区沿着 CAD 底图布置水平管道。单击"布置立管"，设置立管底标高和顶标高布置竖向管道，如图 1.1.12 所示。

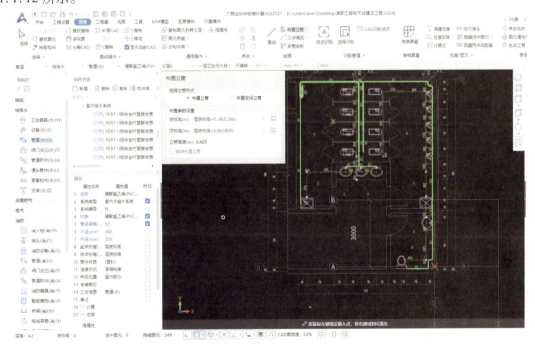

图 1.1.12

（4）计算阀门附件工程量

新建"阀门法兰""管道附件"并设置其属性，单击"设备提量"在绘图区选中 CAD 底图图元，单击鼠标右键确认，如图 1.1.13 所示。

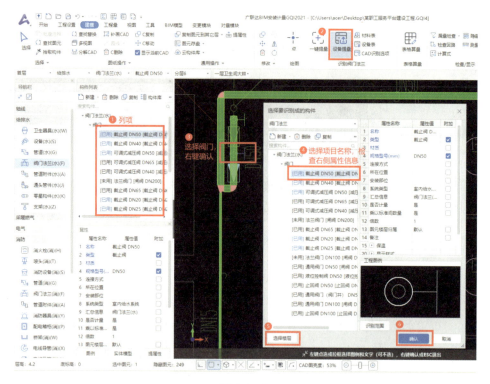

图 1.1.13

其余计量内容操作方法相同。

（5）工程量汇总及报表查看

在"工程量"板块单击"汇总计算"，然后可以查看"分类工程量"及"查看报表"等，如图
1.1.14 所示。

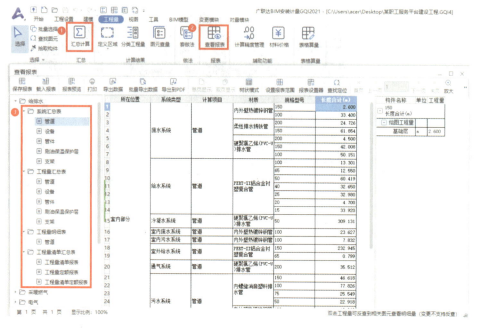

图 1.1.14

1.1.5　任务总结

1）手动算量与 BIM 算量的异同

二者均能提取给水系统工程量,且能得到工程量明细及汇总表等成果文件。手动算量利用看图软件手动测量长度、数个数,计算速度较慢;BIM 算量通过构建三维模型算量,速度较快,容易反查。

2）数据可追溯

手动算量要用 Excel 表格详细记录过程数据,如分管道系统、分管道或设备类型、分水平或竖向工程量等,确保数据可追溯,便于对量。

3）构件属性准确性

BIM 算量构建模型时,要确保输入构件属性的准确性,尤其是复制的构件,否则易造成工程量错误。

课后任务

1. 使用 BIM 算量,在楼层设置时往往仅需改变楼层层高参数,而不需要更改楼板的参数(板厚),原因何在?

2. 使用 BIM 算量,楼层设置对后续安装工程量的准确计算至关重要。除了地上、地下楼层必须设置外,往往还需要设置屋顶/面层与基础层。什么时候需要设置? 设置时需要注意的事项有哪些?

3. 使用广联达 BIM 安装计量软件(GQI)建模时,导入的图纸可以采用自动分割与手动分割两种方式对图纸进行切割,案例中采用的是手动分割,请同学们尝试使用自动分割图纸技术,完成整个项目的室内生活给水工程量的计算。

任务 1.2　建筑消防给水系统

素质目标	知识目标	能力目标
（1）通过遵循规范准确列项，培养科学严谨的职业态度和良好的工作习惯； （2）通过精准算量多次完善数据，培养挫折承受能力和精益求精的职业精神	（1）掌握建筑消防给水工程工程量清单列项及算量方法； （2）熟悉《通用安装工程工程量计算规范》（GB 50856—2013）附录 J 中建筑消防给水工程项目编码、项目名称、项目特征、计量单位的内容	（1）能够依据施工图，按照相关规范，完整编制建筑消防给水工程工程量清单； （2）能够依据施工图，按照相关规范的工程量计算规则，计算建筑消防给水工程清单工程量

1.2.1　任务信息

本任务计算对象为"某职工服务平台建设工程项目"建筑消防给水系统，包括了消火栓系统和自动喷淋灭火系统的管网及相关的阀门附件、套管等。本书以消火栓系统工程量计算为例进行讲解，自动喷淋灭火系统参照消火栓系统进行计算。

本次任务主要是识读"某职工服务平台建设工程项目"给排水工程图纸中"建筑消防给水系统"相关内容（包含设计说明、平面图、系统图、大样图等），依据《通用安装工程工程量计算规范》（GB 50856—2013）和《重庆市通用安装工程计价定额》（CQAZDEA—2018）中的计算规定，采用手工算量和 BIM 算量两种方式计算建筑消防给水系统工程量。列项方式与《通用安装工程工程量计算规范》附录一致，并满足工程所在地计价定额相关要求。

1.2.2　任务分析

利用手工算量和 BIM 算量两种方法计算建筑消防给水系统工程量。

1）手工算量

利用 CAD 快速看图软件等测量工程量，在 Excel 表中进行记录并汇总计算出工程量。计算过程中需要注意的主要事项如下：

①确认比例。测量长度之前，要确认图纸比例与软件实际测量比例一致，保证测量数据准确。

②确定建筑消防给水管道的计算起点和终点。起点为室内外消防给水管分界点，即建筑物入口阀门处或建筑物外墙皮 1.5 m 处；终点为消火栓或喷头处。

③计算建筑消防给水系统的设备工程量。如室内消火栓、喷头等，由于设备的安装高度、设备本体高度以及管道连接口的位置共同决定了立管道的长度，所以需在管道长度计算前进行设备工程量计算，并记录设备各项参数。

④计算管道及相关项的工程量。分材质、规格计算消防给水管道工程量，并计算管道安装支架及刷油防腐等。

⑤计算安装于管道上的阀门附件等工程量。如蝶阀、闸阀、水流指示器、信号阀等,其规格与所在管道相同。

⑥计算图纸中未绘制或者未标注,但必须计算或者在设计说明中明确的工程量。如管道穿墙和穿楼板处的套管等。

2) BIM 算量

利用广联达 BIM 安装计量软件(GQI),构建建筑消防给水系统三维模型,输出工程量。计算过程中需要注意的主要事项如下:

①建模前的准备。包含新建工程、设置工程、图纸处理等。

②软件建模算量时,建筑消防给水系统先提取设备工程量,再计算管道等线性图元的工程量,最后计算安装在管道上的阀门附件等的工程量。

③建模时,消防给水管道立管需要单独布置,设置立管的底标高及顶标高;但与设备连接处的短立管可以自动生成,所以设备属性需要提前设置准确。

④建模完成后,进行工程量反查核验。

1.2.3　知识链接

室内消火栓给水系统通常由消防供水水源、供水设备、供水管网及消火栓组成,而自动喷水灭火系统则由供水水源、供水设备、管道系统、火灾探测器、报警控制组件、喷头等组成。

消火栓系统
的组成

1.2.4　任务实施

识读给排水系统原理图、给排水平面图,本项目建筑消防给水系统包含室内消火栓系统、自动喷淋灭火系统。室内消火栓系统由消防水池开始敷设,在负二层敷设水平环状管网,敷设14 根立管(XL-01 ~ 14)并形成竖向环状管网,确保消防用水稳定,保证建筑内人员财产安全。自动喷淋灭火系统由消防水池开始敷设至各喷头处,管网最末端设置末端试水装置,检查管网水压是否符合要求。同时,从屋顶消防水箱分别引出管道连接室内消火栓及自动喷淋灭火系统。

识读给排水施工总说明,当架空消防管道系统工作压力≤1.20 MPa 时,采用热浸锌镀锌钢管。自动喷水灭火系统给水管采用内外壁热镀锌钢管。架空管道的连接采用沟槽连接件(卡箍)、螺纹、法兰、卡压等方式。当管径≤DN50 时,采用螺纹连接和卡压连接;当管径>DN50 时,采用沟槽连接件连接、法兰连接;当安装空间较小时,采用沟槽连接件连接。沟槽式连接时,有振动的场所或埋地管道采用柔性接头,其他场所采用刚性接头,且每隔4 ~5 个刚性接头设置一个柔性接头。

1) 手工算量

(1) 比例确认

测量给排水平面图中任意一段已标注的线段长度,对比标注长度与实际测量长度是否一致,若一致则可进行后续算量工作;若不一致,根据识图软件比例设置方法进行调整。

（2）确定室内给水管道的计算起点和终点

根据《通用安装工程工程量计算规范》（GB 50856—2013）"附录J 消防工程"中"J.6.1 管道界限的划分"中的规定：

①喷淋系统水灭火管道室内外界限应以建筑物外墙皮1.5 m为界，入口处设阀门者应以阀门为界；设在高层建筑物内的消防泵间管道应以泵间外墙皮为界。

②消火栓管道室内外界限应以建筑物外墙皮1.5 m为界，入口处设阀门者应以阀门为界。

结合给排水平面图、给排水系统原理图，本任务中，喷淋系统水灭火管道的计算起点为消防水泵房外墙皮处，如图1.2.1所示，终点为喷头或末端试水装置处。消火栓管道计算起点为消防水泵房地面处，如图1.2.2所示，终点为室内消火栓处。

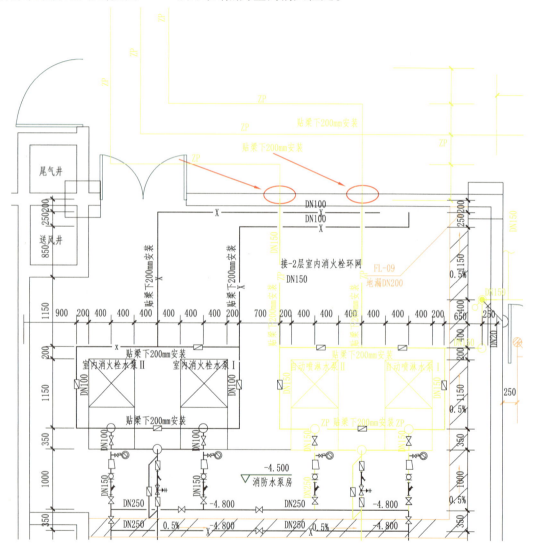

图1.2.1

（3）计算建筑消防给水系统的设备工程量

识读给排水系统原理图、给排水平面图，并与设备材料表中的数量进行比对，结合设备表规格信息，消火栓系统设备有室内消火栓、屋顶试验消火栓、地上式水泵接合器和磷酸铵盐手

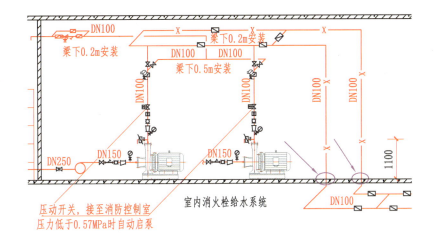

室内消火栓给水系统

图 1.2.2

提式干粉灭火器。

根据计算规则,本任务建筑消防给水系统消火栓系统的设备工程量统计结果如表1.2.1所示。

表 1.2.1　消火栓系统的设备工程量统计

序号	项目名称	规格型号	计量单位	工程量	计算式
1	室内消火栓	SG16E65Z-J(1 800×700×160) DN65	个	34	1.00×34
2	屋顶试验消火栓	SN65(PN=1.0 MPa)	个	1	1
3	地上式水泵接合器	SQS100-1.6 DN100	套	2	1.00×2
4	磷酸铵盐手提式干粉灭火器	MF/ABC4	个	78	1.00×39×2

(4)计算管道及相关项的工程量

消防系统管道敷设相对复杂,为确保计算思路清晰,实现精准算量,并能够快速反查数据,计算消防系统管道可以按照系统、横干管、立管、支管等将管道系统细分并以此计算。下面以消火栓系统为例介绍管道及相关项工程量的计算。

消火栓管道算量

识读给排水系统原理图、给排水平面图,以消防水泵房地面处为起点,经一截规格为DN100 的立管敷设至-2 层,在-2 层布置规格为 DN100 的水平环状管网,再从环状管网布置DN100 的横管与立管相连,同时也分出 DN100 的支管连接室内消火栓系统地上式水泵接合器、DN65 的支管连接室内消火栓;立管 XL-01~03 在 4 层梁下 0.2 m 处通过横干管相连形成竖向环状管网,立管 XL-05~06 在 3 层梁下 0.2m 处通过横干管相连形成竖向环状管网,立管上在各层分出 DN65 的支管连接室内消火栓;屋顶消防水箱敷设管道连接至消火栓系统中。根据以上图纸内容,将消火栓系统管道分为横干管(红色)、立管(紫色)、支管(绿色)三部分,如图 1.2.3 所示。识读结构图纸,-2 层及 3 层顶梁按 900 mm 计算、4 层顶梁按 1 000 mm计算。

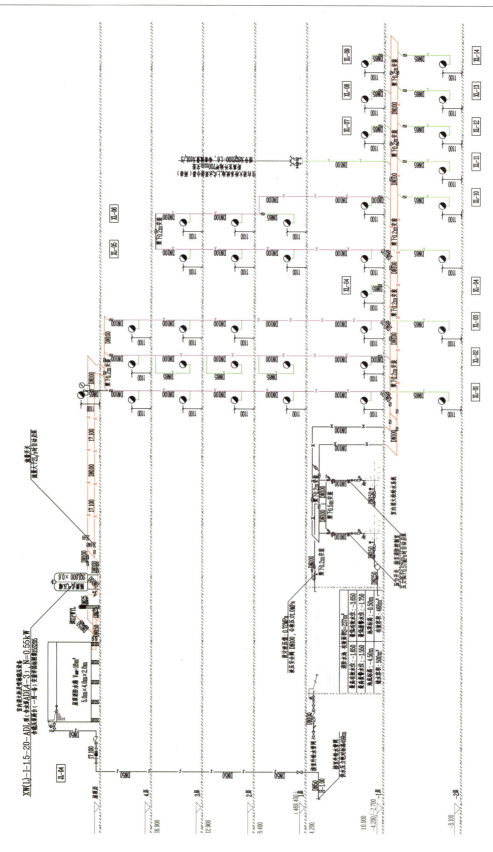

图 1.2.3

①横干管工程量计算。依据计算规则,分规格、材质等测量管道水平长度,−2层管道水平长度见附录1。其中,立管XL-06在1层发生位置变化,因此有一段水平管道,水平长度测量如图1.2.4所示。竖向长度通过管道高差计算得出:竖向长度=顶标高−底标高。

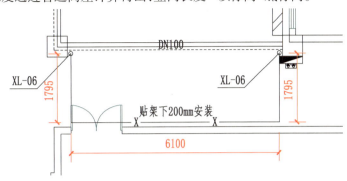

图1.2.4

横干管工程量计算如下:

热浸锌镀锌钢管DN100:((1.19+14.2+1.2+31.2+0.5+10.1+0.5+16.2+15.9+1.25+11.4+10.4+0.6+9.4+4.9)[−2层]+(2.0+8.0+9.70+1.89+0.3)[3层]+(15.65+5.75×2+2.40+6.00+1.40+0.50+0.95+10.65+0.65)[4层]+(1.65+0.65×2+0.75)[屋顶层]+(6.10+1.98×2)[1层水平管道])[水平长度]=214.29(m)。

热浸锌镀锌钢管DN150:(1.40+1.85+0.55×2)[水平长度]=4.35(m)。

热浸锌镀锌钢管DN25:(1.40×2)[水平长度]=2.80(m)。

②立管工程量计算。依据计算规则,分规格、材质等计算管道竖向长度,立管工程量计算如下:

热浸锌镀锌钢管DN100:((16.9+4.2)[XL-01立管]+(16.9+4.2)[XL-03立管]+(16.9+4.2)[XL-02立管]+(12.9+4.2)[XL-06立管]+(12.9+4.2)[XL-05立管]+(0.9+0.2)×2[−2层]+(0.2+1+0.2)×2[屋顶层])[竖向长度]=102.50(m)。

③支管工程量计算。依据计算规则,分规格、材质等测量管道水平长度,−2层支管水平长度见附录2。竖向长度通过管道高差计算得出:竖向长度=顶标高−底标高。

支管工程量计算如下:

热浸锌镀锌钢管DN150:(0.9−0.2)×2[消防水箱处出水立管]=1.40(m)。

热浸锌镀锌钢管DN100:(9.75+7.9[外墙皮至水泵接合器])[水平长度]+((0.7+4.2+1+0.2)[水泵接合器立管])[竖向长度]=23.75(m)。

热浸锌镀锌钢管DN65:(6.90×2+8.70+0.35×17+6.80+0.36×12+0.25+0.27×2+0.38×5+5.60+2.80+0.80×3+0.60+((3.6−1−0.8))+0.50×2+0.40×3+1.20×2+0.20×2+0.10×22+0.54+0.45)[水平长度]+((4.2−1−0.2−0.8)×3+(3.6−1−0.2−0.8)×8+0.80×3+(4.5−1−0.2−0.8)+0.30×33+(1.1+1+0.2)[试验消火栓处立管])[竖向长度]=100.15(m)。

④相关项的工程量。根据消火栓支架大样图,消火栓管道支架采用40×4角钢制作,水平管平均间距2.5 m 1副,立管间距3 m或每层1副,如图1.2.5所示,计算支架质量,计量单位kg。

DN100横干管支架数量:(214.29)[横干管长度]÷2.5[间距]≈87(副)。

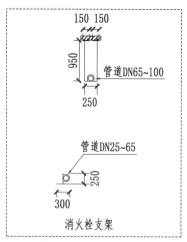

图 1.2.5

注：消火栓管道支架采用40×4角钢制作，水平管
平均间距2.5m1副，立管间距3m或每层1副。

管底标高为＝－0.9－0.2－0.05＝－1.15（m），板厚120 mm，因此，U形支架吊杆长度为1.03 m，40×4 角钢的理论质量值为 2.42 kg/m，因此 DN100 横干管支架质量为＝（1.03×2＋0.25）［一个支架长度］×87［支架个数］×2.42［理论质量值］＝479.17 kg。

设计说明中明确需进行除锈和刷油工作，如图 1.2.6 所示。工程所在地地区计价定额《重庆市通用安装工程计价定额》（CQAZDE—2018）中规定的管道除锈和刷油的计算单位为 m²，按均管道表面积计算，包含阀门附件等凹凸部分，按管道外径计算表面积。计算规则及钢管外径与公称直径对照表如图 1.2.7 所示。金属结构的除锈和刷油计算单位为 kg。

十五、防腐与标识：

1. 在涂刷底漆前，应清除表面的灰尘、污垢、锈斑、焊渣等物。涂刷油漆厚度应均匀，不得有脱皮、起泡、流淌和漏涂现象。
2. 球墨铸铁管外壁采用喷涂沥青和喷锌防腐。内壁衬水泥砂浆防腐。埋地钢管（包括热镀锌钢管）在外壁刷冷底子油一道、石油沥青两道外加保护层（当土壤腐蚀性能较强时可采用加强级或特加强防腐），铝塑复合管埋地敷设时其外壁防腐同普通钢管（外壁有塑料层的除外）。明装的热镀锌钢管应刷银粉两道（卫生间）或调和漆两道。当管道敷设在有腐蚀性的环境中时，管外壁应刷防腐漆或缠绕防腐材料。
3. 给水管道应为蓝色环；热水供水管道应为黄色环、热水回水管道应为棕色环；中水管道、雨水回用和海水利用管道应为淡绿色环；排水管道应为黄棕色环。
4. 架空消防管道外应刷红色油漆或涂红色环圈标志，并应注明管道名称及水流方向标识。

图 1.2.6

DN100 横干管刷油漆工程量：3.14［圆周率］×0.114［外径］×（214.29）［横干管长度］≈76.71（m²）。

DN100 横干管支架刷油漆工程量：479.17 kg。

计算消防系统金属管道工程量时，需计算管道使用的沟槽管件，根据施工总说明可知，当消防系统管道管径＞DN50 时，采用沟槽连接件连接、法兰连接；当符合《消防给水及消火栓系统技术规范》（GB 50974—2014）第 12.3.12 条的规定时（表1.2.2），需使用机械三通、机械四通连接。

如何"准确"
计算数量——
沟槽管件

工程量计算规则

一、计算公式

设备筒体、管道表面积计算公式

$$S = \pi \times D \times L$$

式中 π——圆周率；

      D——设备或管道直径；

      L——设备筒体高或管道延长米。

二、计量规则

1.管道、设备及矩形管道、大型型钢结构、灰面、布面、气柜、玛蹄脂面刷油工程，按设计表面积尺寸以"10 m²"计算。计算设备筒体、管道表面积时已包括各种管件、阀门、人孔、管口凹凸部分，不再另外计算。

钢管外径 ϕ 与公称直径 DN 对照关系表										
钢管外径 ϕ/mm	34	48	60	76	89	114	168	219	273	324	360
公称直径 DN/mm	25	40	50	65	80	100	150	200	250	300	350

图 1.2.7

表 1.2.2 机械三通、机械四通连接时支管直径

主管直径 DN		65	80	100	125	150	200	250	300
支管直径 DN	机械三通	40	40	65	80	100	100	100	100
	机械四通	32	32	50	65	80	100	100	100

消火栓系统-2 层沟槽管件工程量如下：

沟槽弯头 DN100:9 个。

沟槽正三通 DN100:8 个。

机械三通 DN100×65:9 个。

沟槽三通 DN100×100×65:3 个。

沟槽弯头 DN65:25 个。

依据计算规则,本任务建筑消防给水系统的消火栓系统管道及相关项工程量统计结果如表 1.2.3 所示。

表 1.2.3 消火栓系统管道及相关项工程量

序号	项目名称	规格型号	单位	工程量	计算式	备注
1	热浸锌镀锌钢管	DN100,沟槽连接	m	340.54	((1.19+14.2+1.2+31.2+0.5+10.1+0.5+16.2+15.9+1.25+11.4+10.4+0.6+9.4+4.9)[-2 层]+(2.0+8.0+9.70+1.89+0.3)[3 层]+(15.65+5.75×2+2.40+6.00+1.40+0.50+0.95+10.65+0.65)[4 层]+(1.65+0.65×2+0.75)[屋顶层]+(6.10+1.98×2)[1 层水平管道])[横干管]+((16.9+4.2)[XL-01 立管]+(16.9+4.2)[XL-03 立管]+(16.9+4.2)[XL-02 立管]+(12.9+4.2)[XL-06 立管]+(12.9+ 4.2)[XL-05 立管]+(0.9+0.2)×2[-2 层]+(0.2+1+0.2)×2[屋顶层])[立管]+((9.75+7.9)[外墙皮至水泵接合器])[水平长度]+((0.7+4.2+1+0.2)[水泵接合器立管])[竖向长度])[支管]	

续表

序号	项目名称	规格型号	单位	工程量	计算式	备注
2	热浸锌镀锌钢管	DN150，沟槽连接	m	5.75	(1.40+1.85+0.55×2)［横干管］+((0.9-0.2)×2［消防水箱处出水立管］)［立管］	
3	热浸锌镀锌钢管	DN25，螺纹连接	m	2.80	(1.40×2)［横干管］	
4	热浸锌镀锌钢管	DN65，沟槽连接	m	100.15	(6.90×2+8.70+0.35×17+6.80+0.36×12+0.25+0.27×2+0.38×5+5.60+2.80+0.80×3+0.60+((3.6-1-0.8)+0.50×2+0.40×3+1.20×2+0.20×2+0.10×22+0.54+0.45)［水平长度］+((4.2-1-0.2-0.8)×3+(3.6-1-0.2-0.8)×8+0.80×3+(4.5-1-0.2-0.8)+0.30×33+(1.1+1+0.2)［试验消火栓处立管］)［竖向长度］	
5	U形支架	角钢40×4	kg	713.72	((214.29［DN100横干管长度］+4.35［DN150横干管长度］+17.65［DN100水平支管长度］)/2.5［间距］×((1.15-0.12)×2+0.25)［一个支架长度］+(2.5［DN25横干管长度］+63.65［DN65水平支管长度］)/2.5［间距］×(0.3+0.25)［一个支架长度］)×2.42［理论质量］［水平管道支架］+((5×3+4×2+1)［DN100立管支架数量］×((1.15-0.12)×2+0.25)［单副支架长度］+(8+2+1+1)［DN65立管支架数量］×(0.3+0.25)［单副支架长度］)×2.42［理论质量］［立管支架］	
6	支架除锈、刷油	除轻锈，刷耐热醇酸面漆两遍	kg	713.72	713.72［U形支架质量］	
7	管道除锈、刷油	除轻锈，刷红色调和漆两道	m²	149.13	3.14×0.114×340.54［DN100管道］+3.14×0.168×5.75［DN150管道］+3.14×0.034×2.80［DN25管道］+3.14×0.076×100.15［DN65管道］	
8	沟槽弯头	DN100	个	20	9［-2层］+1［1层］+2［3层］+6［4层］+2［屋顶层］	
9	沟槽正三通	DN100	个	18	11［-2层］+2［1层］+4［4层］+1［屋顶层］	
10	机械三通	DN100×65	个	30	9［-2层］+5［-1层］+3［1层］+5［2层］+5［3层］+3［4层］	
11	沟槽大小头	DN100×65	个	5	3［-2层］+1［1层］+1［4层］	
12	沟槽弯头	DN65	个	62	25［-2层］+13［-1层］+7［1层］+7［2层］+7［3层］+3［4层］	
13	沟槽正三通	DN150	个	4	4［屋顶层］	
14	沟槽大小头	DN150×100	个	3	3［屋顶层］	

续表

序号	项目名称	规格型号	单位	工程量	计算式	备注
15	沟槽弯头	DN150	个	2	2[屋顶层]	
16	机械三通	DN100×25	个	2	2[屋顶层]	
17	机械三通	DN150×25	个	2	2[屋顶层]	

注：①《通用安装工程工程量计算规范》规定，以 m、m²、kg 为单位的工程量保留 2 位小数。
　　②自动喷淋系统管道及其相关项工程量计算方法请参考消火栓系统管道及其相关项计量。

（5）阀门附件工程量计算
阀门附件安装在管道上，规格与管道规格一致。识读给排水系统原理图、给排水平面图，并与设备材料表中的数量进行比对，结合设备表规格信息，依据计算规则，本任务建筑消防给水系统消火栓系统的阀门附件工程量统计结果如表 1.2.4 所示。

表 1.2.4　消火栓系统的阀门附件工程量

序号	项目名称	规格型号	计量单位	工程量	计算式
1	蝶阀	DN100	个	70	1.00×70
2	蝶阀	DN150	个	4	1.00×4
3	蝶阀	DN65	个	11	1.00×11
4	截止阀	DN100	个	2	1.00×2
5	止回阀	DN100	个	3	1.00×3
6	弹簧安全阀	DN100	个	3	1.00×3
7	流量开关	DN100	个	2	1.00×2
8	止回阀	DN150	个	1	1
9	消声止回阀	DN25	个	2	1.00×2
10	截止阀	DN25	个	3	1.00×3
11	柔性橡胶接头	DN25	个	4	1.00×4
12	法兰截止阀	DN25	个	2	1.00×2
13	稳压泵	单吸单级离心泵，泵外壳和叶轮等主要部件的材质为不锈钢	台	2	1.00×2
14	水泵	ADL4-3	台	1	1
15	隔膜式气压罐	SQL800×0.6	台	1	1

（6）套管工程量
识读给排水平面图、消防立管安装大样，需计算穿墙及穿楼板套管工程量，消火栓管道穿外墙预埋穿墙防水套管、穿内墙预埋钢套管、穿楼板时采用柔性防水套管，如图 1.2.8 所示。防水套管规格与被套管道一致，一般套管规格 DN100 以下比被套管道大两号，DN100 及其以上大一号。依据相关规范，一般要求套管与管道之间需留有填充防水材料间隙 10~20 mm，而防水套管则直接套在管道外壁无须填充。

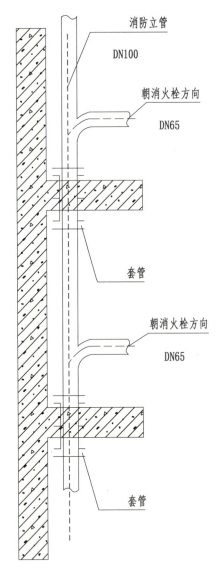

图 1.2.8

依据计算规则,本任务建筑消防给水系统消火栓系统的套管工程量统计结果如表 1.2.5
所示。

表 1.2.5　消火栓系统的套管工程量

序号	项目名称	规格型号	计量单位	工程量	计算式
1	钢套管	DN125	个	6	1.00[穿墙]×6
2	钢套管	DN100	个	5	1.00[穿墙]×5
3	刚性防水套管	DN150	个	1	1.00[穿外墙]
4	柔性防水套管	DN125	个	29	1.00[立管穿楼板]×29
5	柔性防水套管	DN100	个	5	1.00[立管穿楼板]×5

其他内容计算方法类似,详见电子计算书。

2) BIM 算量

(1)新建工程及建模准备

已在任务 1.1 中完成此项操作。

(2)室内消火栓给水灭火系统工程量软件计算

一般来说,使用 GQI 建模算量是按楼层分系统依次完成整个建模算量的过程。当有楼层管道设备布置相同时,可使用软件建模中的"复制图元到其他层"的功能,这样就能极大地提高建模的效率。然而,在本工程中,由于各层室内消火栓给水灭火管道及相关设备布置区分度非常大。因此,建模主要采用逐层建模的方式进行。下面以-2 层为例,具体展示消火栓给水灭火系统建模算量的过程。

在软件构件列表菜单下新建消防给水管道构件并设置其属性,选中分割后的-2 层给排水平面图为底图,单击"直线",在绘图区沿着 CAD 底图布置水平管道,继续单击"布置立管",设置立管底标高和顶标高布置竖向管道,如图 1.2.9 所示。

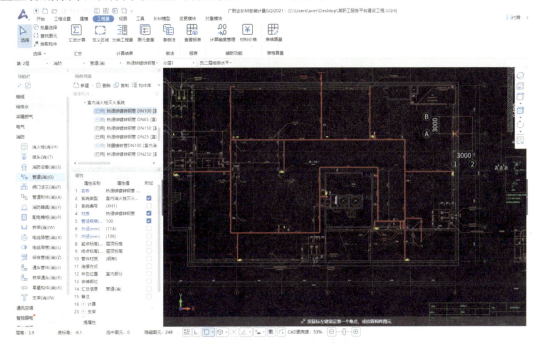

图 1.2.9

接着,新建"消火栓""法兰阀门"并设置其属性,单击"设备提量"在绘图区选中 CAD 底图图元,单击右键确认,如图 1.2.10 所示。

套管工程量计算选择"零星构件",单击"生成套管(水)",设置穿墙体和楼板的套管类型,以及套管大小(规格);单击"选择构件",勾选所有需要生成套管的构件,单击"确定"。设置无误后单击"确定",如图 1.2.11 所示。

自此完成了-2 层室内消火栓给水系统工程量的软件计算,其他楼层计量内容操作方法相同,可参照上述流程执行。

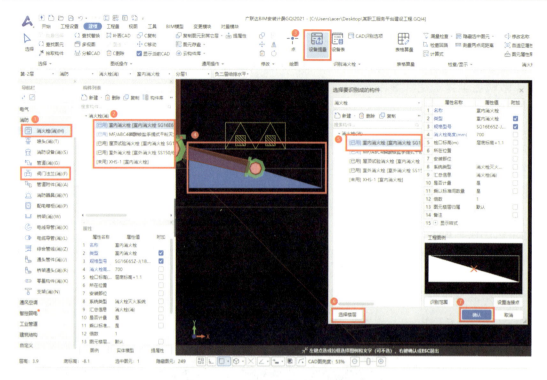

图 1.2.10

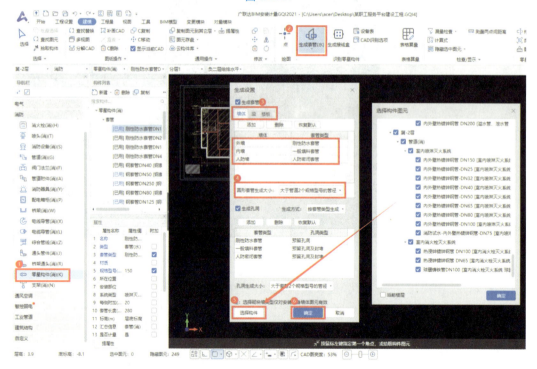

图 1.2.11

（3）自动喷水灭火系统工程量软件计算

继续对-2层自动喷水灭火系统建模算量。在软件构件列表菜单下新建喷淋灭火管道构件并设置其属性,选中分割后的-2层自动喷淋平面图为底图,单击"喷淋提量",在弹出的窗口中设置管道材质、管道标高、危险等级等信息。底图中框选提量范围,右键确认,勾选需生成的分区,单击"生成图元",如图 1.2.12 所示。

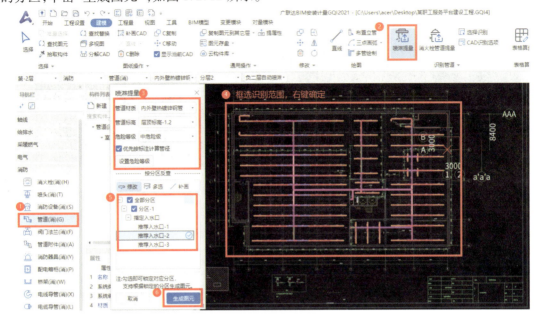

图 1.2.12

接着,新建"喷头"并设置其属性,单击"设备提量",在绘图区选中 CAD 底图图元,单击右键确认,如图 1.2.13 所示。

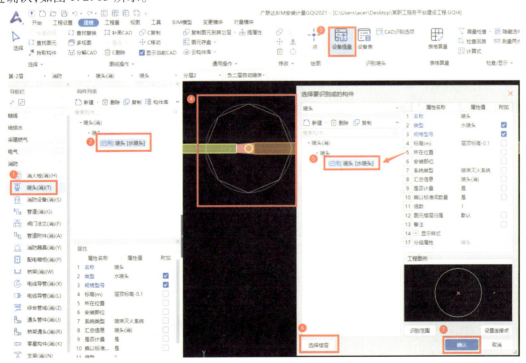

图 1.2.13 喷头等设备建模

对于末端试水装置等设备,也可以使用 GQI 内置的"表格算量"功能,完成其工程量的计算,如图 1.2.14 所示。

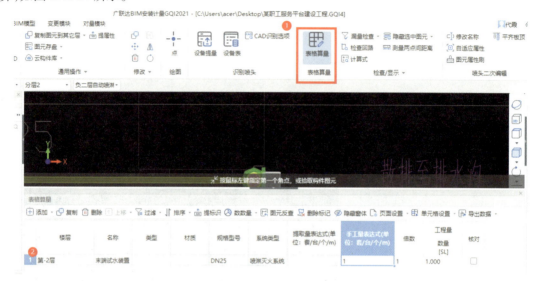

图 1.2.14

至此完成了-2 层自动喷水灭火系统工程量的软件计算,其他楼层计量内容操作方法相同,可参照上述流程执行。

（4）工程量汇总及报表查看

后续工程量汇总及报表查看内容与任务 1.1 中一致,本任务略。

1.2.5 任务总结

1）手动算量与 BIM 算量异同

二者均能提取给水系统工程量,且能得到工程量明细及汇总表等成果文件。手动算量利用看图软件手动测量长度、数个数,计算速度较慢;GQI 通过构建三维模型算量,速度较快,容易反查。

2）数据可追溯

手动算量要用 Excel 表格详细记录过程数据,如分管道系统、分管道或设备类型、分水平或竖向工程量等,确保数据可追溯,便于对量。

3）构件属性准确性

BIM 算量构建模型时,要确保输入构件属性的准确性,尤其是复制的构件,否则易造成工程量错误。

课后任务

1. 正如本项目所展示的那样,现代建筑工程在设置了消火栓给水灭火系统的同时,为什么还要设置自动喷淋灭火系统?

2. 本项目在计算消防给水系统工程量时,只计算到消防水泵房外墙皮。这样做合理吗?有什么依据?

3. 使用 GQI 建模,尤其是设备建模时,我们可以先新建构件,然后在软件绘图区绘制相应的构件图元完成构件建模。当然,我们也可以先识别图例,利用软件的自动识别功能完成图元绘制。案例中我们主要采用的是前一种建模方式,请同学们查阅资料,尝试使用后一种建模技术,完成整个项目的消防给水系统工程量的计算,并对比总结两种建模方式的主要区别。

任务1.3 建筑室内排水系统

素质目标	知识目标	能力目标
（1）通过遵循规范准确列项，培养科学严谨的职业态度和良好的工作习惯； （2）通过精准算量多次完善数据，培养挫折承受能力和精益求精的职业精神	（1）掌握建筑室内排水工程清单列项及算量方法； （2）熟悉《通用安装工程工程量计算规范》（GB 50856—2013）附录K中建筑室内排水项目编码、项目名称、项目特征、计量单位的内容	（1）能够依据施工图，按照相关规范，完整编制建筑室内排水工程量清单； （2）能够依据施工图，按照相关规范的工程量计算规则，计算建筑室内排水清单工程量

1.3.1 任务信息

本任务计算对象为"某职工服务平台建设工程项目"建筑室内排水系统，包括了污水系统、废水系统、雨水系统、冷凝水系统和通气系统的管网及相关的阀门附件、套管等。本书以污水系统工程量计算为例进行讲解，其他建筑室内排水系统参照污水系统进行计算。

本次任务为识读"某职工服务平台建设工程项目"给排水工程图纸中"建筑室内排水系统"相关内容（包含设计说明、平面图、系统图、大样图等），依据《通用安装工程工程量计算规范》（GB 50856—2013）和《重庆市通用安装工程计价定额》（CQAZDE—2018）中的计算规定，采用手工算量和BIM算量两种方式计算建筑室内排水系统工程量。列项方式与《通用安装工程工程量计算规范》附录一致，并满足工程所在地计价定额相关要求。

1.3.2 任务分析

利用手工算量和BIM算量两种方法计算室内生活给水系统工程量。

1）手工算量

利用CAD快速看图软件等测量工程量，在Excel表中进行记录并汇总计算得出工程量。计算过程中需要注意的主要事项如下：

①确认比例。测量长度之前，要确认图纸比例与软件实际测量比例一致，保证测量数据的准确性。

②确定建筑室内排水管道的计算起点和终点。起点为卫生器具出口处的地面或墙面处，与地漏连接的排水管道自地面算起，不扣除地漏所占长度；终点为出户第一个排水检查井处。

③计算建筑室内排水系统的设备工程量。如卫生器具、潜污泵等，因设备的安装高度、设备本体高度以及管道连接口的位置共同决定了立管道的长度，所以需在管道长度计算前进行设备工程量计算，并记录设备各项参数。

④计算管道及相关项的工程量。分材质、规格计算建筑室内排水管道工程量，并计算管道安装支架及刷油防腐等。

⑤计算图纸中未绘制或者未标注,但必须计算或者在设计说明中明确的工程量。如管道穿墙和穿楼板处的套管、立管穿楼板处安装的阻火圈等。

2) BIM 算量

利用广联达 BIM 安装计量软件(GQI),构建建筑室内排水系统三维模型,输出工程量。

①建模前的准备。包括新建工程、设置工程、图纸处理等。

②软件建模算量时,建筑室内排水系统先提取设备工程量,再计算管道等线性工程量,最后计算安装在管道上的套管、阻火圈等的工程量。

③建模时,建筑室内排水管道立管需单独布置,设置立管的底标高及顶标高;但与设备连接处的短立管可以自动生成,所以设备属性需要提前设置准确。

④建模完成后,进行工程量反查核验。

1.3.3   知识链接

建筑生活排水系统施工图识读方法

室内排水系统一般由通气管、排水支管、排水横管、排水立管、排水干管、排出管及卫生器具或污水收集器等组成。

识读给排水施工图时,首先查看图纸目录,检查图纸是否缺失;再看设计说明,以掌握工程概况、技术指标、专项设计等,进而了解设计者的设计意图;最后粗略看图,细分系统,以分系统为主线结合系统图、详图等细读平面图,通过几种图的前后对照在脑海中形成三维图。

1.3.4   任务实施

识读给排水系统原理图、给排水平面图,本项目建筑室内排水系统包含污水系统、废水系统、雨水系统、冷凝水系统及通气系统。其中,污水系统有 WL-01 ~ 03 三根立管,立管 WL-01、WL-02 排放 1—3 层卫生间污水至室外污水检查井,立管 WL-03 排放−1 层卫生间污水至−2 层污水集水坑。另外,在 1 层还有两根污水管分别排放淋浴间和残疾人卫生间的污水至室外污水检查井。识读集水坑详图,污水经 WL-03 立管排放至集水坑后,再经过排放污水杂质切割泵排放至室外雨水排水沟。

根据给排水施工总说明可知,本工程游泳池区域排水管、污水排水出户管均采用柔性排水铸铁管材及管件,承插连接。经潜污泵抽升的压力流排水管、消防试水排水管均采用内外壁热镀锌钢管,公称工作压力≥0.5 MPa。卫生间污水排水管采用内螺旋消音塑料排水管,密封胶圈连接。其余排水管均采用硬聚氯乙烯(PVC-U)排水管,承插粘接,立管底部均设混凝土支墩。硬聚氯乙烯(PVC-U)排水管应满足《建筑排水用硬聚氯乙烯(PVC-U)管材》(GB/T 5836. 1—2018)的相关要求。

1) 手工算量

(1)比例确认

前面测量给排水平面图中任意一段已标注的线段长度,对比标注长度与实际测量长度是否一致,若一致则可进行后续算量工作,若不一致,根据识图软件比例设置方法进行调整。

（2）确定室内排水管道的计算起始点位置

根据《通用安装工程工程量计算规范》（GB 50856—2013）"附录 K 给排水、采暖、燃气工程""K.10.1 管道界限的划分"的规定，排水管道室内外界限划分以出户第一个排水检查井为界。《重庆市通用安装工程计价定额 CQAZDE—2018 第十册给排水、采暖、燃气安装工程》中"A 给排水、燃气、采暖管道"的计算规则说明："排水管道工程量自卫生器具出口处的地面或墙面算起；与地漏连接的排水管道自地面算起，不扣除地漏所占长度。"

（3）计算卫生器具工程量

识读给排水系统原理图、给排水平面图，并与设备材料表中的数量进行比对，结合设备表规格信息，依据计算规则，本任务建筑室内排水系统卫生器具工程量统计结果如表 1.3.1 所示。

卫生器具算量

表 1.3.1 建筑室内排水系统卫生器具工程量

序号	项目名称	规格型号	计量单位	工程量	计算式
1	蹲便器	节水型蹲便器,带真空破坏器的自闭式脚踏冲洗阀	个	24	8[-1层]+8[1层]+4[2层]+4[3层]
2	小便器	节水型小便器,自闭式光电感应冲洗阀	个	19	4[-1层]+5[1层]+5[2层]+5[3层]
3	坐便器	节水型坐便器,连接专用冲洗阀	个	2	2[1层]
4	洗脸盆(残疾人卫生间)	节水型洗脸盆,延时自闭水嘴延时时间为(15±5)s,陶瓷片等密封耐用、性能优良的水嘴	个	2	2[1层]
5	洗脸盆	节水型洗脸盆,延时自闭水嘴延时时间为(15±5)s,陶瓷片等密封耐用、性能优良的水嘴	个	12	3[-1层]+3[1层]+3[2层]+3[3层]
6	拖布池		个	7	1[-1层]+2[1层]+2[2层]+2[3层]
7	水龙头	感应式水嘴,水嘴流量不大于0.033 L/s	个	7	1[-1层]+2[1层]+2[2层]+2[3层]
8	淋浴器	节水型淋浴器,延时自闭水嘴延时时间为(30±5)s;淋浴器流量0.08 L/s	个	8	8[1层]
9	地漏	直通式地漏加存水弯,DN100	个	10	4[1层]+3[2层]+3[3层]
10	清扫口	UPVC清扫口,DN100	个	9	3[1层]+3[2层]+3[3层]

（4）计算管道及相关项的工程量

建筑室内排水系统所含子系统较多，为确保计算思路清晰，实现精准算量，并能够快速反查数据，计算管道可以按照系统、横干管、立管、支管等将管道系统细分并以此计算。下面以污水系统为例介绍管道及相关项工程量的计算。

　　识读给排水施工总说明、给排水系统原理图、给排水平面图,污水管道从卫生器具处开始敷设内螺旋消音塑料排水管,经内螺旋消音塑料排水立管排放至 1 层或者−2 层,再经过柔性排水铸铁管排放至 1 层室外污水检查井或者−2 层污水集水坑。其中,支管工程量计算在卫生间给排水大样图中测量水平长度或计算高差、立管工程量计算通过识读给排水系统原理图计算高差、排出管工程量计算在给排水平面图中测量水平长度。

　　①支管工程量计算。依据计算规则,分规格、材质等测量管道水平长度,卫生间污水管道水平长度如图 1.3.1 所示。竖向长度通过管道高差计算得出:竖向长度＝顶标高−底标高。根据图纸分析,各卫生器具所连管道规格如表 1.3.2 所示。

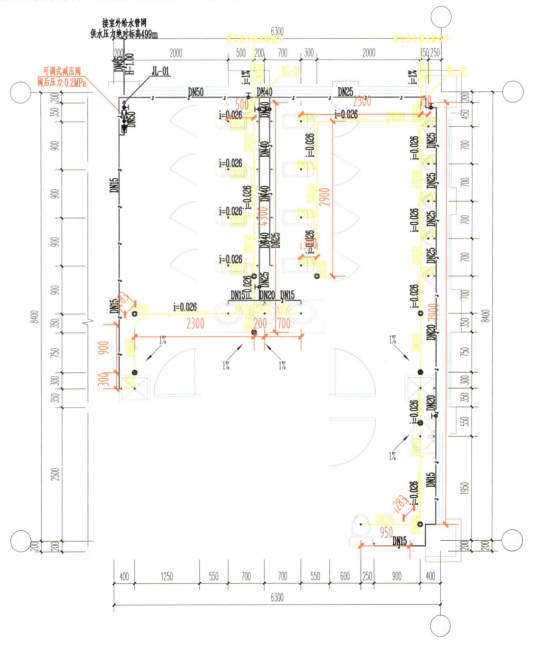

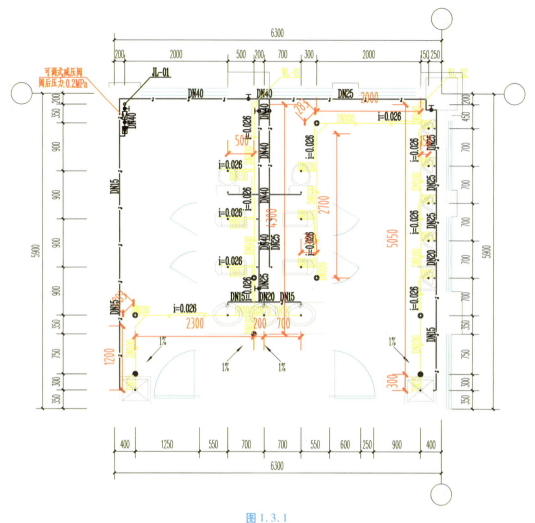

图 1.3.1

表 1.3.2　各卫生器具所连污水管道规格

卫生器具	蹲便器	小便器	坐便器	洗脸盆（残疾人卫生间）	洗脸盆	拖布池	地漏	清扫口
所连污水管道规格	DN100	DN50	DN100	DN50	DN50	DN75	DN100	DN100

支管工程量计算如下：

内螺旋消音塑料排水管 DN50：((0.7+0.15×5)[1层卫生间]+(0.7+0.15×5)×2[2、3层卫生间])[水平长度]+(0.5×(5×3[小便器数量]+(2+3×3)[洗脸盆数量]))[竖向长度]=17.35(m)。

内螺旋消音塑料排水管 DN75：((0.2+0.3)[1层卫生间]+(0.2+0.3+0.3)×2[2、3层卫生间])[水平长度]+(0.5×(2×3)[拖布池数量])[竖向长度]=5.10(m)。

内螺旋消音塑料排水管 DN100：((4.3+2.3+0.28+0.9+0.5×4+2.3+2.9+0.3×3+7.9+0.28+0.95)[一层卫生间]+(4.3+2.3+0.28+0.9+0.5×4+2+0.28+2.7+0.3×3+5.05)×2[2、3层卫生间])[水平长度]+(0.5×((8+4+4)[蹲便器数量]+2[坐便器数量])+(4+3+3)[地

漏数量]+3×3[清扫口数量])[竖向长度]=94.43(m)。

②立管工程量计算。识读给排水系统原理图，WL-01～03及一层单独排放处有立管。其中，WL-03立管顶部敷设一段横管连接通气帽；1层单独排放管道底部预留一段横管但在平面图中未绘制，且无相关文件说明，此部分工程量可向设计询问，暂按预留0.2m考虑。污水立管(含立管顶部处一段横管，长度在1层平面图中测量)工程量依据计算规则计算如下：

内螺旋消音塑料排水管DN150:(1+4.2+4.2+4.5+2)[WL-01、02]+(0.47[横管]+1+3.9+4.2+(4.2-0.2))[WL-03]+(0.2[预留横管]+1-0.5)[单独排放管道]=30.17(m)。

内螺旋消音塑料排水管DN100:(0.2[预留横管]+1-0.5)[单独排放管道]=0.7(m)。

③排出管工程量计算。排出管包含从立管底部开始至排水终点的所有水平、竖向管道。水平管道长度如图1.3.2所示，集水坑内管道标高如图1.3.3所示。依据计算规则，排出管工程量计算如下：

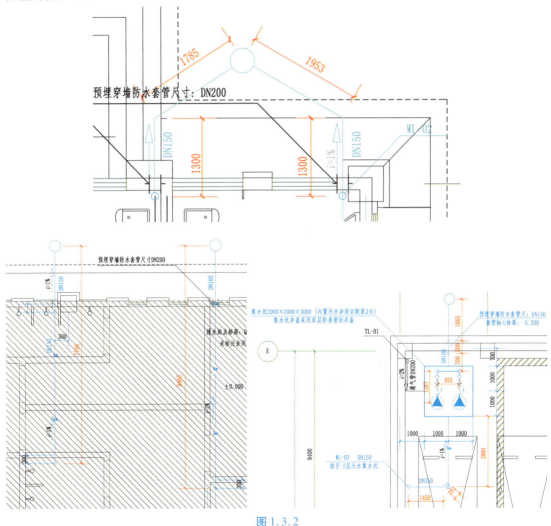

图 1.3.2

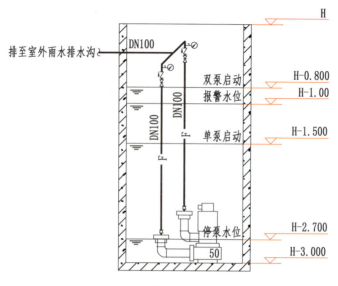

图 1.3.3

柔性排水铸铁管 DN150：（1.3+1.79）×2［WL-01、02］+（1.45+0.28+2.8）［WL-03］+7.77［单独排放管道］=18.48（m）。

柔性排水铸铁管 DN100：8.67［单独排放管道］=8.67（m）。

内外壁热镀锌钢管 DN100：（（1.27×2+0.93+0.7+0.5+1.67）［水平管道］+（2.7-1）×2［竖向管道］）［压力排出管］=9.74（m）。

④管卡工程量计算。根据《重庆市通用安装工程计价定额 CQAZDE—2018 第十册 给排水、采暖、燃气安装工程》中"A 给排水、燃气、采暖管道"章节的说明，管道安装项目中，除室内直埋塑料给水管项目中已包括管卡安装外，均不包括管道支架、管卡、托钩等制作安装以及管道穿墙、楼板套管制作安装、预留孔洞、堵洞、打洞、凿槽等工作内容。因此，给水管道管卡需单独计算。

给排水施工说明中规定：

①立管每层设一管卡，安装高度为距地面 1.8 m；

②室内所有管道应按有关施工验收规范设置管卡、吊架、支吊架在墙体内埋设时必须牢固，规范中关于排水塑料管道支、吊架间距的规定符合《建筑给水排水及采暖工程施工质量验收规范》（GB 50242—2002）中关于排水塑料管道支、吊架间距的规定（表 1.3.3）。

表 1.3.3　排水塑料管道支吊架最大间距

管径/mm	50	75	110	125	160
立管/m	1.2	1.5	2.0	2.0	2.0
横管/m	0.5	0.75	1.10	1.30	1.6

管卡工程量计算如下：

管卡 DN50：17.35［横管长度］/0.5［最大间距］=35（个）。

管卡 DN75：5.1［横管长度］/0.75［最大间距］=7（个）。

管卡 DN100：94.43［横管长度］/1.1［最大间距］=86（个）。

管卡 DN150:7 个。

依据计算规则,本任务污水系统中的管道及相关项的工程量统计结果如表1.3.4所示。

表1.3.4　污水系统中的管道及相关项的工程量

序号	项目名称	规格型号	计量单位	工程量	计算式	备注
1	内螺旋消音塑料排水管	DN50,密封胶圈连接	m	17.35	((0.7+0.15×5)[1层卫生间]+(0.7+0.15×5)×2[2、3层卫生间])[水平长度]+(0.5×(5×3[小便器数量]+(2+3×3)[洗脸盆数量]))[竖向长度]	
2	内螺旋消音塑料排水管	DN75,密封胶圈连接	m	5.10	((0.2+0.3)[1层卫生间]+(0.2+0.3+0.3)×2[2、3层卫生间])[水平长度]+(0.5×(2×3)[拖布池数量])[竖向长度]	
3	内螺旋消音塑料排水管	DN100,密封胶圈连接	m	95.13	(((4.3+2.3+0.28+0.9+0.5×4+2.3+2.9+0.3×3+7.9+0.28+0.95)[1层卫生间]+(4.3+2.3+0.28+0.9+0.5×4+2+0.28+2.7+0.3×3+5.05)×2[2、3层卫生间])[水平长度]+(0.5×((8+4+4)[蹲便器数量]+2[坐便器数量])+(4+3+3)[地漏数量]+3×3[清扫口数量])[竖向长度])[支管]+((0.2[预留横管]+1−0.5)[单独排放管道])[立管]	
4	内螺旋消音塑料排水管	DN150,密封胶圈连接	m	30.17	(1+4.2+4.2+4.5+2)[WL-01、02]+(0.47[横管]+1+3.9+4.2+(4.2−0.2))[WL-03]+(0.2[预留横管]+1−0.5)	
5	柔性排水铸铁管	DN150,承插连接	m	18.48	(1.3+1.79)×2[WL-01、02]+(1.45+0.28+2.8)[WL-03]+7.77[单独排放管道]	
6	柔性排水铸铁管	DN100,承插连接	m	8.67	8.67[单独排放管道]	
7	内外壁热镀锌钢管	DN100,法兰连接	m	9.74	((1.27×2+0.93+0.7+0.5+1.67)[水平管道]+(2.7−1)×2[竖向管道])[压力排出管]	
8	管卡	DN50	个	35	17.35[横管长度]/0.5[最大间距]	
9	管卡	DN75	个	7	5.1[横管长度]/0.75[最大间距]	
10	管卡	DN100	个	86	94.43[横管长度]/1.1[最大间距]	
11	管卡	DN150	个	7	7	

(5)套管及阻火圈工程量计算

①套管工程量。识读给排水施工图总说明,管道穿过内墙或楼板时设置钢套管,套管与管道间的缝隙采用柔性防火材料封堵;排水出户管穿越地下室外墙时设防水套管,穿越基础时基础与管道间留有一定的空隙并在管道穿越地下室外墙或基础处的室外部位设置波纹管伸缩节。防水套管规格与被套管道一致,一般套管规格 DN100 以下比被套管道大两号,DN100 及

其以上大一号。依据相关规范,一般要求套管与管道之间需留有填充防水材料间隙10~20 mm,而防水套管则直接套在管道外壁无须填充。套管工程量计算如下:

钢套管 DN125:1[1层排出管穿内墙]+(3+2×2)[支管穿内墙]=8(个)。

钢套管 DN200:3[1层排出管穿内墙]+(3+4×2)[立管穿楼板]=14(个)。

刚性防水套管 DN150:1[穿-2层外墙]=1(个)。

刚性防水套管 DN200:4[穿1层外墙]=4(个)。

②阻火圈工程量。塑料排水管需安装阻火装置,识读给排水施工总说明,阻火装置设置位置:立管的穿越楼板处的下方;管道井内是隔层防火封隔时,支管接入立管穿越管道井壁处;横管穿越防火墙的两侧。建筑阻火装置(阻火圈、防火套管或阻火胶带)的耐火极限应与贯穿部位的建筑构件的耐火极限相同。阻火圈工程量计算如下:

阻火圈 DN150:(3+4+4)[立管穿楼板下]=11(个)。

依据计算规则,本任务污水系统套管及阻火圈工程量统计结果如表1.3.5所示。

表1.3.5 污水系统套管及阻火圈工程量

序号	项目名称	规格型号	计量单位	工程量	计算式
1	钢套管	DN125	个	8	1[1层排出管穿内墙]+(3+2×2)[支管穿内墙]
2	钢套管	DN200	个	14	3[1层排出管穿内墙]+(3+4×2)[立管穿楼板]
3	刚性防水套管	DN150	个	1	1[穿-2层外墙]
4	刚性防水套管	DN200	个	4	4[穿1层外墙]
5	阻火圈	DN150	个	11	(3+4+4)[立管穿楼板下]

其他内容计算方法类似,详细见电子计算书。

2)BIM算量

(1)新建工程及建模准备

已在任务1.1完成此项操作。

(2)计算管道工程量

以污水系统管道工程量软件建模计算为例,详细地说明建筑室内排水工程量软件计算过程。首先对1层进行建模,绘制楼层的水平管与竖向立管。具体地,在软件"构件列表"菜单下新建建筑室内污水管道构件并设置其属性,单击"直线"在绘图区沿着CAD底图布置水平管道。单击"布置立管",设置立管底标高和顶标高布置竖向管道,如图1.3.4所示。

平面图没有提供1层右侧卫生间内污水管道布设情况,相关信息只能在卫生间给排水大样图中查询。因此,直接在大样图上对卫生间污水管道系统进行建模,如图1.3.5所示。

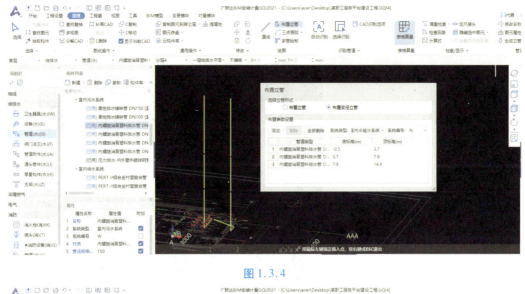

图 1.3.4

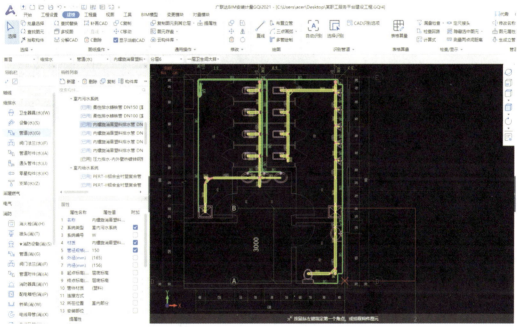

图 1.3.5

选中卫生间污水管道系统建模的所有图元,使用软件的"移动"功能,将图元移动到 1 层平面图中相应的位置,完成该层污水管道系统的建模,如图 1.3.6、图 1.3.7 所示。

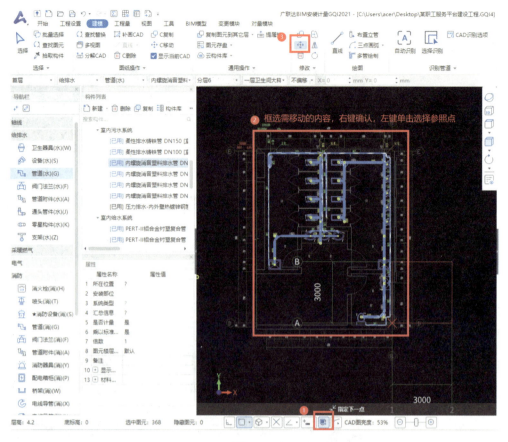

图 1.3.6

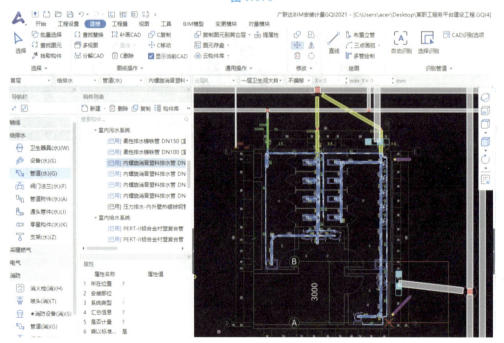

图 1.3.7

（3）计算卫生器具等工程量

继续对 1 层自然单位工程量进行建模计算。新建"卫生器具"并设置其属性，单击"设备提量"在绘图区选中 CAD 底图图元，单击右键确认，如图 1.3.8 所示。

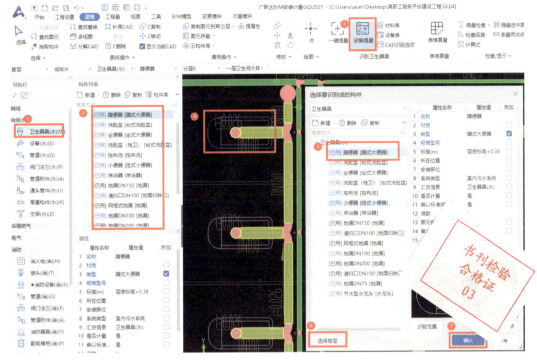

图 1.3.8

对于套管、阻火圈等不太容易建模的构件，也可以借助 GQI 内置的"表格算量"功能完成其工程量的计算，如图 1.3.9 所示。

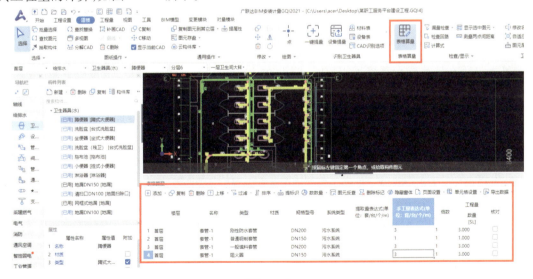

图 1.3.9

至此,完成了 1 层污水管道系统工程量的软件建模计算。其他楼层、其他排水系统的计量内容操作方法相同,均可参照上述流程执行。

（4）工程量汇总及报表查看

后续工程量汇总及报表查看内容与任务 1.1 中一致,本任务略。

1.3.5　任务总结

1）手动算量与 BIM 算量异同

二者均能提取给水系统工程量,且能得到工程量明细及汇总表等成果文件。手动算量利用看图软件手动测量长度、数个数,计算速度较慢;GQI 通过构建三维模型算量,速度较快,容易反查。

2）数据可追溯

手动算量要用 Excel 表详细记录过程数据,如分管道系统、分管道或设备类型、分水平或竖向工程量等,确保数据可追溯,便于对量。

3）构件属性准确性

BIM 算量构建模型时,要确保输入构件属性的准确性,尤其是复制的构件,否则易造成工程量错误。

课后任务

1. 为了节能和提高排水效率,充分利用水的重力自流作用,室内排水系统在管道布设时往往会设置一定的坡度。在这种情况下,计算排水系统管道长度工程量是否需要考虑坡度的影响? 原因何在?

2. 本工程在计算排水系统工程量时,既没有计算卫生器具的工程量,也没有计算地漏、清扫口等排水附件的工程量。这样做合理吗? 请给出分析。

3. 无论是手工算量,还是 BIM 算量,我们对布设在水井中的给排水管道都特别重视,这是为什么? 请简要分析。

任务 1.4   水泵房给排水系统

素质目标	知识目标	能力目标
（1）通过遵循规范准确列项，培养科学严谨的职业态度和良好的工作习惯； （2）通过多次核验和完善算量数据，锻炼挫折承受力，培养精益求精的职业精神	（1）掌握水泵房给排水工程清单列项及算量方法； （2）熟悉《通用安装工程工程量计算规范》（GB 50586—2013）附录 K 中给排水工程泵房给排水相关项目编码、项目名称、项目特征、计量单位、计算规则的内容	能依据施工图，按照相关规范，完整编制水泵房给排水工程量清单并准确计算工程量

1.4.1   任务信息

本任务计算对象为"某职工服务平台建设工程项目"位于−1 层的消防水泵房给排水管网系统。泵房建筑面积 52.5 m^2，共 1 层，层高为 4.5 m，包含室内消火栓水泵给排水和自动喷淋水泵给排水两个管网系统，其 BIM 模型如图 1.4.1 所示。

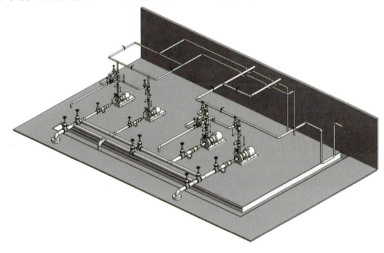

图 1.4.1

本次任务为分系统识读"某职工服务平台建设工程"给排水工程图纸中"消防水泵房"相关内容，包含设计说明（图 1.4.2）、平面图（图 1.4.3）、系统图（图 1.4.4）和大样图（图 1.4.5）等。依据《通用安装工程工程量计算规范》（GB 50856—2013）和《重庆市通用安装工程计价定额》（CQAZDE—2018）中的计算规定，采用手工算量和 BIM 算量两种方式计算水泵房给排水管网系统工程量。列项方式与《通用安装工程工程量计算规范》附录一致，并满足工程所在地计价定额相关要求。

地下消防水泵房单项说明:

1.消防水泵基础待建设方确定供货商并根据实际水泵尺寸校核基础尺寸后方可施工。水泵基础隔振器采用JSD型橡胶隔振器,由水泵生产厂配套提供。水泵隔振技术应符合《水泵隔振技术规程》(CECS9:94),水泵安装应符合《机械设备安装工程施工及验收通用规范》(GB 50231—2009)。

2.消防水泵机组由水泵、驱动器、专用控制柜等组成;消防水泵驱动器采用电动机直接传动,且为电动机干式安装的消防水泵;消防水泵的性能应满足消防给水系统所需流量和压力的要求,其所配驱动器的功率应满足所选水泵流量扬程性能曲线上任何一点运行所需功率的要求;消防水泵流量扬程性能曲线应为无驼峰、无拐点的光滑曲线,零流量时的工作压力不大于设计工作压力的140%,且大于设计工作压力的120%;当消防水泵出流量为设计流量的150%时,其出口压力不应低于设计工作压力的65%;消防水泵泵轴的密封方式和材料应满足消防水泵在低流量时运转的要求。

图 1.4.2

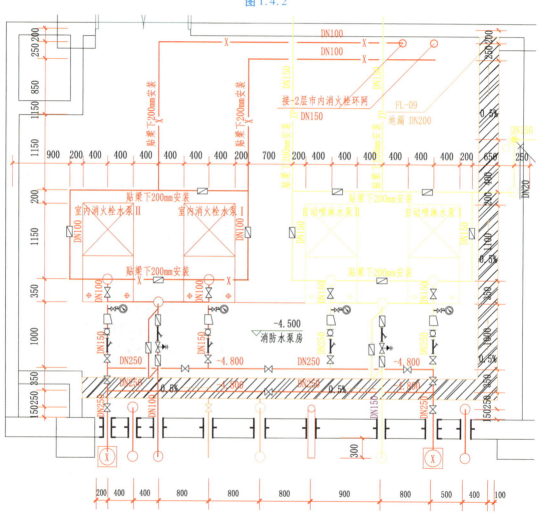

图 1.4.3

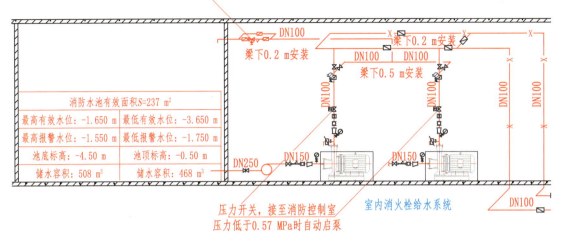

设计泄压值：0.72 MPa
泄压安全阀DN100，公称压力1.0 MPa

DN100
梁下0.2 m安装

梁下0.2 m安装
DN100　DN100
梁下0.5 m安装

DN100
DN100
DN100

消防水池有效面积S=237 m²

最高有效水位：-1.650 m	最低有效水位：-3.650 m
最高报警水位：-1.550 m	最低报警水位：-1.750 m
池底标高：-4.50 m	池顶标高：-0.50 m
储水容积：508 m³	储水容积：468 m³

DN250　DN150　DN150　DN100

室内消火栓给水系统

压力开关，接至消防控制室
压力低于0.57 MPa时自动启泵

图 1.4.4

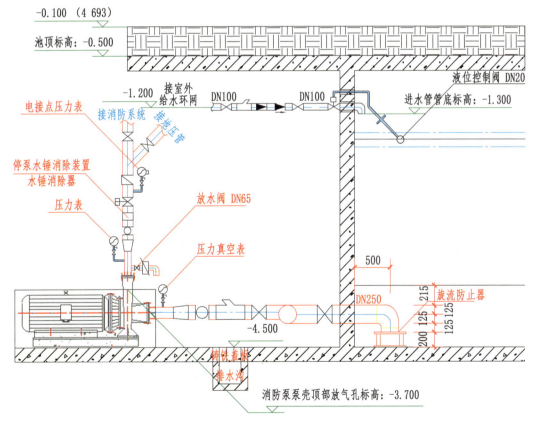

-0.100 （4 693）

池顶标高：-0.500

液位控制阀 DN20

-1.200　接室外给水环网　DN100　DN100

进水管管底标高：-1.300

电接点压力表
接消防系统
连接压管

停泵水锤消除装置
水锤消除器

放水阀 DN65

压力表

压力真空表

500

DN250
旋流防止器
215
125 125
125
200

-4.500

铸铁盖板
排水沟

消防泵泵壳顶部放气孔标高：-3.700

图 1.4.5

47

1.4.2 任务分析

利用手工算量和 BIM 算量两种方法计算水泵房给排水系统工程量。

1) 手工算量

利用 CAD 快速看图软件测量数量,在 Excel 表中进行记录并汇总。计算过程中需要注意的主要事项如下:

①确认比例。确认图纸标注长度与软件实际测量长度是否一致,避免工程量出现成倍差异。

②确定消防水泵房给排水管道的计算起点和终点。

③计算消防水泵房中的设备工程量。如水泵、旋流防止器等,因设备的安装高度、设备本体高度以及管道连接口的位置共同决定了立管的长度,所以需在管道长度计算前进行设备工程量计算,并记录设备各项参数。

④计算管道及相关项的工程量。如连接水泵的吸水管和出水管、消防试水排水管,以及金属管道刷油漆和支架等。

⑤计算安装于管道上的阀门附件等工程量。如蝶阀、除污器等,其规格与所在管道相同。

⑥计算图纸中未标注,但必须计算或者在设计说明中明确的工程量。如管道穿墙和穿楼板处的套管等。

2) BIM 算量

利用广联达 BIM 安装计量软件(GQI),构建水泵房给排水系统三维模型,输出工程量。

①建模前的准备。包含新建工程、工程设置、图纸处理等。

②分析水泵房管网和设备安装特点,结合 BIM 算量原理和设置的内容,确定算量顺序(可参考手工算量的 6 个步骤)并进行模型创建。

③建模完成后,进行工程量反查核验。

1.4.3 知识链接

1) 水泵相关知识

水泵的种类较多,其进出水口的位置也不尽相同,因此其管道的连接位置也不同。熟悉常用水泵构造及其安装工艺,可加速算量和建模。

水泵安装

2) 支架计算相关知识

本项目所在地为重庆,《重庆市通用安装工程计价定额》(CQAZDE—2018)规定支架计量单位为 kg。支架制作安装工作内容包括切断、调直、煨制、钻孔、组对、焊接、打洞、安装、和灰、堵洞。支架分为吊架、支架、托架等。选择因素与管道的管径、质量、是否保温有关。支架主要由吊杆、横撑组成,辅材有螺栓、螺母、钢板等。计算公式如下:支架质量 = 支架个数 × 支架单重。支架个数 = 管道延长米 ÷ 支架间距(设计说明中给出间距,若无,则按照规范规定的最大间距计算)。预算阶段,支架单重计算方法有查询规范、按支架长度和理论质量值计算[如 50 角钢支架长共 6 m,支架重=6 m×3.77 kg/m(50 角钢理论质量)]、经验值估算单个支架质量。支架计算时吊杆长度是关键,单个 U 形支架用材长度=板底与管底高差×2+管道外径+安装空间 8 cm,单个 L 形支架用材长度=板底与管低高差+管道外径+安装空间 8 cm。DN25~40 可选用 4#等边角钢,L 形支架;DN50~80 可选用 4#等边角钢,U 形支架;DN100~150 可选用 5#等边角钢,U 形支架。

3)图纸识图方法

识读泵房给排水施工图时,需注意查看地面标高,并对照系统图或大样图,确定设备的安装高度和管道的安装高度。同一识读对象通常会在不同的图纸中被设计者表达,因此对照识读不同的图纸,是提高识图准确性的重要方法之一。

4)计算规则

《通用安装工程工程量计算规范》(GB 50856—2013)中明确了以下计算规则:水喷淋钢管、消火栓钢管按设计图示管道中心线以长度计算,不扣除阀门、管件及各种组件所占长度以延长米计算,计量单位"m";管道支架和设备支架以"kg"算,按设计图示质量计算;套管、焊接法兰阀门按设计图示数量计算,计量单位"个"。

《重庆市通用安装工程计价定额》第十册中明确了以下计算规则:给水设备按同一底座质量计算,不分泵组出口管道公称直径,按设计图示设备数量以"台"计算。

1.4.4　任务实施

1)手工算量

(1)比例确认

测量消防水泵大样图中任意一段已标注的线段长度,对比标注长度与实际测量长度是否一致,若一致则可进行后续算量工作;若不一致,根据识图软件比例设置方法进行调整。

(2)确定水泵房给排水管道系统的计算起点和终点

识读消防水泵大样图(图 1.4.6)可知,消防水泵的取水点在一墙之隔的消防水池,因此将水泵吸水管计算起点定在消防水池中的吸水管底部(图 1.4.6),即图中数字 3 所示框中圆圈所在位置的立管底部。若以墙皮为界,属于消防水池中的吸水管工程量单独计算,会增加后期合并工程量的计算,因此计算范围的划分需根据工程特点灵活处理。

沿着吸水管水流方向,经过水泵后,确定水泵出水管与外墙皮和楼板的相交处为管道计算终点,如图 1.4.6 中①②所指位置。②所指位置为水平喷淋管与泵房外墙皮相交点,为喷淋管网计算终点。①所指位置为消火栓竖直立管穿楼板处,为消火栓管网计算终点。

因此,管道计算起始点范围以内均为计算对象。

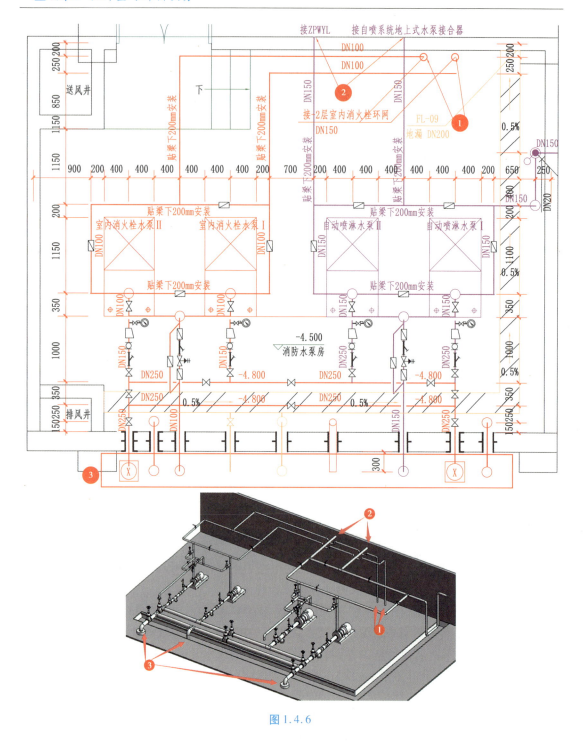

图 1.4.6

（3）计算消防水泵房中的设备工程量

识读消防水泵大样图，如图 1.4.7 所示，并与设备材料表中的数量进行比对，如图 1.4.8 所示，结合设备表规格信息，本任务设备有室内消火栓给水泵、自动喷淋给水泵、湿式报警阀组。

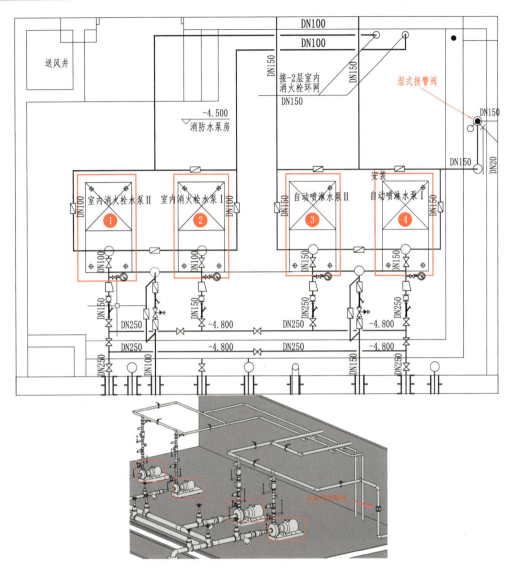

图 1.4.7

主要设备材料表					
序号	设备器材名称	性能参数	单位	数量	备注
01	室内消火栓给水泵	XBD0.60/15-80D/3-W, $Q=15$ L/s, $H=60$ m, $N=15$ kW, $n=1\ 450$ r/min	台	2	一用一备,互为备用
02	自动喷淋给水泵	XBD0.60/40-150D/3-W, $Q=40$ L/s, $H=60$ m, $N=37$ kW, $n=1\ 480$ r/min	台	2	一用一备,互为备用
自动喷淋系统部分					
01	水泵接合器	SQS150-1.6	套	3	地上式
02	湿式报警阀组	ZSFZX150 $P=1.6$ MPa	套	1	

图 1.4.8

依据计算规则,本任务水泵房设备工程量统计结果如表1.4.1所示。

表1.4.1 消防水泵房设备工程量

序号	项目名称	规格型号	单位	工程量	计算式
1	室内消火栓给水泵	XBD0.60/15-80D/3-W,$Q=15$ L/s,$H=60$ m,$N=15$ kW,$n=1\,450$ r/min。基础隔振器采用 JSD 型橡胶隔振器	台	2	2[泵房中]
2	自动喷淋给水泵	XBD0.60/40-150D/3-W,$Q=40$ L/s,$H=60$ m,$N=37$ kW,$n=1\,480$ r/min。基础隔振器采用 JSD 型橡胶隔振器	台	2	2[泵房中]
3	湿式报警阀组	ZZS 系列,ZSFZX150 $P=1.6$ MPa	组	1	1[泵房中]

（4）计算管道及相关项的工程量

①识读消防水泵房大样图,如图1.4.9所示,依据计算规则,分规格、材质等测量管道水平长度内外壁热镀锌钢管 DN100 水平长度:

$2.35+0.9+0.212\times2+1.365+0.35\times2+1.35\times2+2.8\times2+2.25\times2+3.8+2.9+0.25=25.239(m)$。

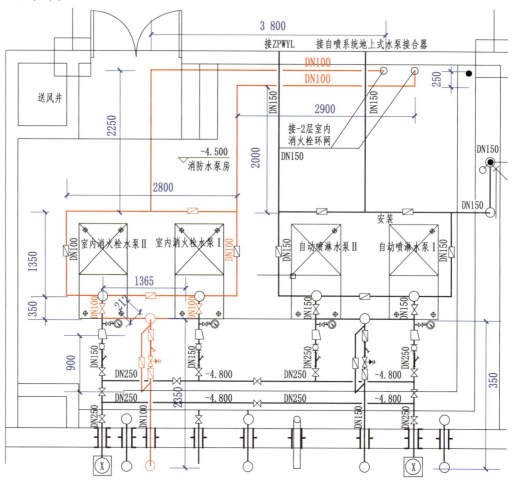

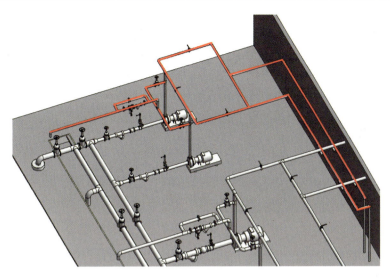

图 1.4.9

②对照识读消防水泵房大样图和室内消火栓给水系统图,如图 1.4.10 所示,找到平面图中编号①、②、③、④所指的立管(圆圈所在点)在系统图中对应的位置,并识读每段立管顶部和底部的标高。

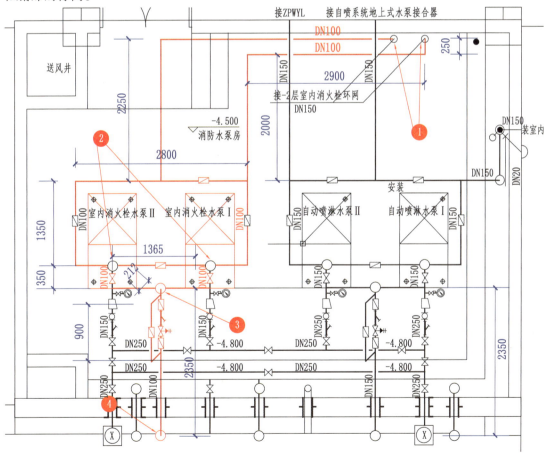

图 1.4.10

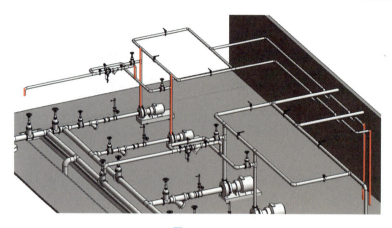

图 1.4.11

室内消火栓给水系统图中明确标注最高处 DN100 横管在梁下 0.2 m 安装,包含消防泄压管。消防水池剖面图中明确标注消防泄压横管标高为 −1.200,即为梁下 0.2 m 的位置,如图 1.4.12 所示。水泵房中所有 DN100 规格立管顶部均与最高处 DN100 横管连接,因此其标高均为 −1.2 m。编号①立管底部计算到楼板位置,则标高为 −4.500 m。编号②立管底部标高通过识读消防水池剖面图可知为 −3.505 m,如图 1.4.13 所示。编号③立管底部位梁下 0.5 m 安装,则标高为 −1.2−0.3 =−1.5m。编号④为泄压管伸入消防水池下弯部分,图中明确标注管底标高为 −1.300,如图 1.4.12 所示。

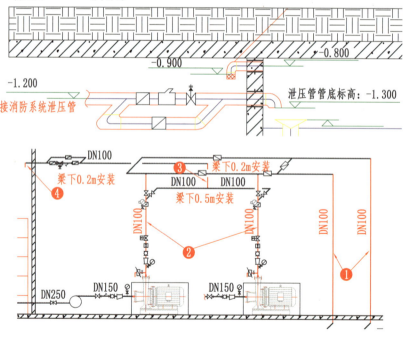

图 1.4.12

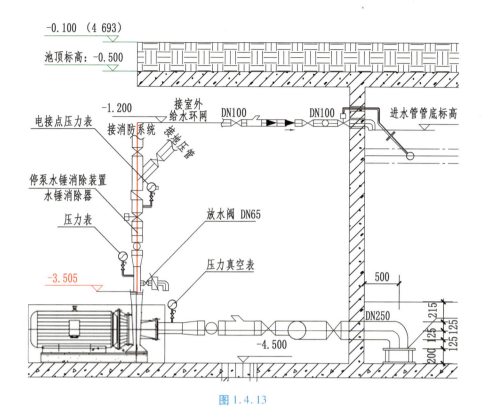

图 1.4.13

区分规格、材质等,根据标高计算立管的竖直长度,如图 1.4.14 所示。

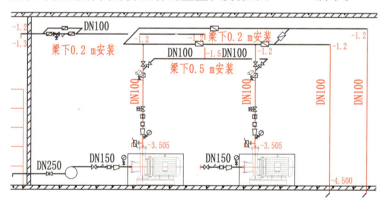

图 1.4.14

内外壁热镀锌钢管 DN100 竖直长度:[-1.2-(-1.3)]+[-1.2-(-3.505)]×2+[-1.2-(-1.5)]+[-1.2-(-4.500)]×2=11.61(m)。

本任务水泵房管道工程量统计结果如表 1.4.2 所示。

表 1.4.2　水泵房管道及相关项工程量计算表

序号	项目名称	规格型号	单位	工程量	计算式	
					水平	竖向
1	内外壁热镀锌钢管	DN250，法兰连接	m	15.4	$1.35 \times 2 + 5.1 \times 2 + 1 \times 2 = 14.9$	$(0.125 + 0.125) \times 2 = 0.5$
2	内外壁热镀锌钢管	DN150，法兰连接	m	34.38	$1 \times 2 + 2.35 + 1.324 + 2.3 + 8.3 + 1.8 + 2.55 \times 2 = 23.174$	$[-1.2 - (-1.3)] + [-1.2 - (-1.5)] + [-1.2 - (-3.505)] \times 2 + [-1.2 - (-4.5 + 0.2)] \times 2 = 11.21$
3	内外壁热镀锌钢管	DN100，法兰连接	m	38.45	$2.35 + 0.9 + 0.212 \times 2 + 1.365 + 0.35 \times 2 + 1.35 \times 2 + 2.8 \times 2 + 2.25 + 2 + 3.8 + 2.9 + 0.25 = 25.239$	$[-1.2 - (-1.3)] + [-1.2 - (-3.505)] \times 2 + [-1.2 - (-1.5)] + (-1.2 - 0) \times 2 = 7.41$
4	减震支架	50×50×5 等边角钢	kg	295.82	计算方法参考本模块"(4)计算管道及相关项的工程量"的第③条讲解。$((-0.1 - (-1.25)) \times 2 + (0.1 + 0.08)) \times 13 \times 3.77 + ((-0.1 - (-1.35)) \times 2 + (0.15 + 0.08)) \times 14 \times 3.77 + ((0.2 + 0.125 - 0.15 \div 2) \times 2 + (0.168 + 0.08)) \times 4 \times 3.77 + ((0.2 + 0.125 - 0.25 \div 2) \times 2 + (0.273 + 0.08)) \times 9 \times 3.77$	
5	除锈、刷油	除轻锈，刷红色调和漆两道	m²	45.12	$3.14 \times 0.114 \times 38.5$［DN100 管道］$+ 3.14 \times 0.168 \times 34.38$［DN150 管道］$+ 3.14 \times 0.273 \times 15.4$［DN250 管道］	

注：①《通用安装工程工程量计算规范》（GB 50856—2013）规定，以 m、m² 为单位的工程量保留 2 位小数。

　　②水泵房排水管道工程量计算方法请参考任务 1.3 建筑室内排水系统计量。

　　③根据支架相关设计说明和相关规范中的间距规定（图 1.4.15、表 1.4.3），计算支架质量，计量单位 kg。因实际施工时，在设备、阀门以及管道拐弯等处需加固处理，因此预算阶段的支架为估算工程量，竣工后按实际工程量结算。

3.管道支架：

(1) 管道支架或管卡应固定在楼板或承重结构上。

(2) 水泵房内采用减震吊架及支架。

(3) 钢管水平安装支架间距按国家现行《建筑给水排水及采暖工程施工质量验收规范》（GB 50242—2002）规定施工。

(4) 立管每层设一管卡，安装高度为距地面1.8m。

图 1.4.15

表 1.4.3　钢管管道支架的最大间距

公称直径/mm		15	20	25	32	40	50	70	80	100	125	150	200	250	300
支架的最大间距/m	保温管	2	2.5	2.5	2.5	3	3	4	4	4.5	6	7	7	8	8.5
	不保温管	2.5	3	3.5	4	4.5	5	6	6	6.5	7	8	9.5	11	12

　　DN100 水平管道(梁下 0.2 m 安装部分)支架:(2.35+0.9+0.212×2+1.35×2+2.8×2+2.25+2+3.8+2.9+0.25)[水平管长度]÷6.5[间距]=3.56≈4(个)。但根据图纸和 BIM 模型可以看出,泵房管道拐弯较多,且阀门附件较多,因此不适合根据间距计算,可按管道拐弯和分支进行估算,共 13 个吊架,如图 1.4.16 所示。其余规格管道支吊架可参考此方法计算。

　　管底标高为−1.25(−1.2−0.05)m,板厚 120 mm,底标高为−0.1 m,管道外径 0.1 m,采用 50×50×5 角钢,其理论质量值为 3.77 kg/m,U 形支架,因此 DN100 水平管道吊架型钢质量为((−0.1−(−1.25))×2+(0.1+0.08))[1 个支架长度]×13[支架个数]×3.77[理论质量值]=121.545(kg)。

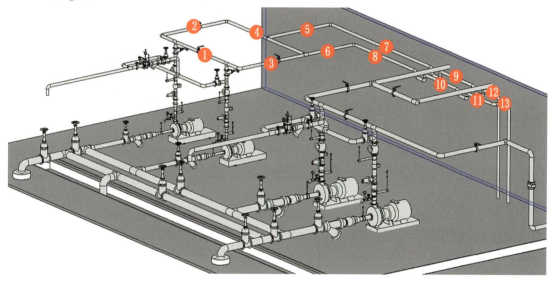

图 1.4.16

　　④设计说明中明确需进行除锈和刷油工作,工程所在地区的计价定额中规定的除锈和刷油计算单位为 m^2,按均管道表面积计算,包含阀门附件等凹凸部分,如图 1.2.8、图 1.2.9 所示。

　　DN100 管道刷油漆工程量:3.14[圆周率]×0.114[外径]×38.5[管道总长]=13.78(m^2)。

　　(5)计算安装于管道上的阀门附件等

　　区分种类、规格等,分别计算阀门附件的数量。可先识读系统图中安装在立管上的阀门附件,再识读平面图中安装在横管上的阀门附件,同时需与剖面图(若有)和设备材料表中阀门附件的种类数量进行比对,这样才能有效避免漏项和多项,如图 1.4.17、图 1.4.18 所示。具体计算方法请参考任务 1.1 建筑生活给水系统计量中阀门附件的计算方法。

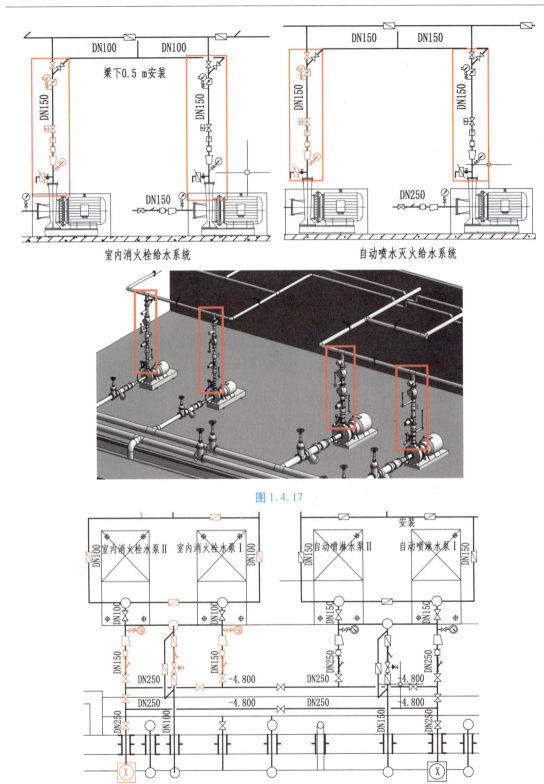

室内消火栓给水系统

自动喷水灭火给水系统

图 1.4.17

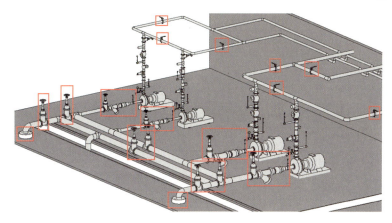

图 1.4.18

本工程水泵房的阀门附件由下至上依次为：自动记录流量计、放水阀、压力表、偏心异径管、柔性接头、水锤消除器、压力开关、电接点压力表、水锤消除止回阀、闸阀、偏心异径管；由南向北依次为：旋流防止器、明杆闸阀、Y 形除污器、柔性软接头、真空压力表、蝶阀。

本任务水泵房阀门附件工程量统计结果如表 1.4.4 所示。

表 1.4.4　水泵房阀门附件工程量计算表

序号	项目名称	规格型号	单位	工程量	计算式		备注
					横管	立管	
1	旋流防止器	DN250	个	2	2[吸水管]	0	
2	自动记录流量计	DN65	个	4	0	4[出水管]	从消防水池剖面图中可识读,安装在立管分支的 DN65 管上
3	放水截止阀	DN65	个	4	0	4[出水管支管]	安装在出水立管的支管上
4	压力表	表直径 100 mm、连接管直径 6 mm、含存水弯管和旋塞	块	4	0	4[出水管支管]	《消防水泵大样图单项说明》第 11 条明确了压力表直径≥6 mm,此处采用6 mm
5	真空压力表	DN150	块	2	2[吸水管]	0	
6	真空压力表	DN250	块	2	2[吸水管]	0	
7	柔性软接头	DN100	个	2	0	2[出水管]	
8	柔性软接头	DN150	个	3	2[吸水管]	2[出水管]	
9	柔性软接头	DN250	个	2	2[吸水管]	0	

续表

序号	项目名称	规格型号	单位	工程量	计算式 横管	计算式 立管	备注
10	水锤消除器	DN100	套	2	0	2[出水管]	
11	水锤消除器	DN150	套	2	0	2[出水管]	
12	压力开关	DN100	块	2	0	2[出水管]	
13	压力开关	DN150	块	2	0	2[出水管]	
14	电接点压力表	DN100	块	2	0	2[出水管]	
15	电接点压力表	DN150	块	2	0	2[出水管]	
16	水锤消除止回阀	DN100	个	2	0	2[出水管]	
17	水锤消除止回阀	DN150	个	2	0	2[出水管]	
18	明杆闸阀	DN100	个	3	2[吸水管]	2[出水管]	
19	明杆闸阀	DN150	个	3	2[吸水管]	2[出水管]	
20	明杆闸阀	DN250	个	10	10[吸水管]	0	
21	蝶阀	DN100	个	7	4[出水管]+3[泄压管]	0	
22	蝶阀	DN150	个	8	5[出水管]+3[泄压管]	0	
23	Y形除污器	DN100	个	1	1[消火栓泄压管]	0	
24	Y形除污器	DN150	个	3	2[消火栓吸水管]+1[喷淋泄压管]	0	
25	Y形除污器	DN250	个	2	2[喷淋吸水管]	0	
26	法兰						

注:①规格型号需根据设计说明详细描述(可利用看图软件进行关键文字搜索相关信息),以提高后续询价的准确度。

②阀门附件种类较多,需依据《通用安装工程工程量计算规范》和《重庆市通用安装工程计价定额》确定计算单位。

(6)计算图纸中未标注,但必须计算或者在设计说明中明确的工程

识读消防水泵房大样图,需计算穿墙套管工程量。包含标识的防水套管和未标识管道穿墙和楼板处的套管,如图1.4.19所示。防水套管规格与被套管道一致,一般套管规格DN100以下比被套管道大二号,DN100及其以上大一号。依据相关规范,要求一般套管与管道之间需留有填充防水材料间隙10~20 mm,而防水套管则直接套在管道外壁,无须填充。

柔性防水套管 DN250 2 个。

一般穿墙套管 DN125 2 个。

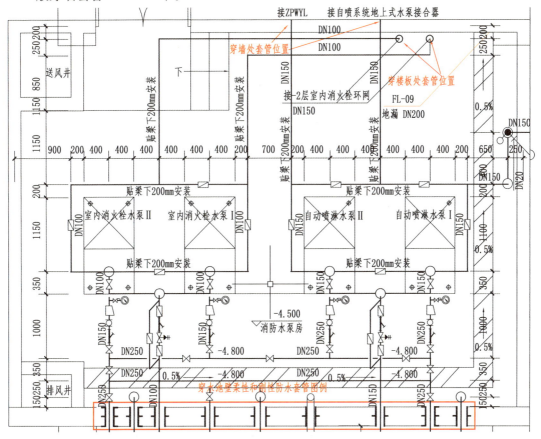

图 1.4.19

本任务水泵房套管工程量统计结果如表 1.4.5 所示。

表 1.4.5 　水泵房套管工程量计算表

序号	项目名称	规格型号	单位	工程量	计算式	
					水平	竖向
1	柔性防水套管	DN250	个	2	2	0
2	刚性防水套管	DN200	个	2	2	0
3	刚性防水套管	DN150	个	1	1	0
4	刚性防水套管	DN100	个	3	3	0
5	一般穿墙套管	DN125	个	2	2[DN100 横管穿墙处]	0
6	一般穿楼板套管	DN200	个	2	0	2[DN150 立管穿楼板处]

其他工程量计算详细见电子计算书。

2)BIM 算量

（1）新建工程及建模准备

新建工程及建模准备已在任务 1.1 完成。水泵房工程情况分析参见本模块手工算量部分。

（2）布置设备

可按照以下流程布置设备：

①新建设备。在"导航栏"中选择需布置的设备类别，在"构件列表"中新建设备。此处的设备归类决定了后续工程量统计类别的归属。

②设置设备属性。依次选中"构件列表"中的设备，按照设备识图结果进行属性内容填写。

③在建模区布置设备。启动"设备提量"功能，在建模区选中底图中的设备图例，单击右键，在弹出的"选择要识别的构件"对话框中进行设备属性内容确认，无误后单击"确认"按钮，软件会弹出识别的总数，再单击"确认"按钮结束操作。

本次任务的设备算量需布置消火栓给水泵、自动喷淋给水泵以及旋流防止器 3 种影响管道安装高度和位置且不依附于管道安装的设备和附件。属性设置及布置如图 1.4.20—图 1.4.22 红色框中内容所示。

图 1.4.20

（3）绘制管道

管道绘制可按照以下流程进行：

①新建管道。在"导航栏"中选择需布置的管道类别，在"构件列表"中新建管道。

图 1.4.21

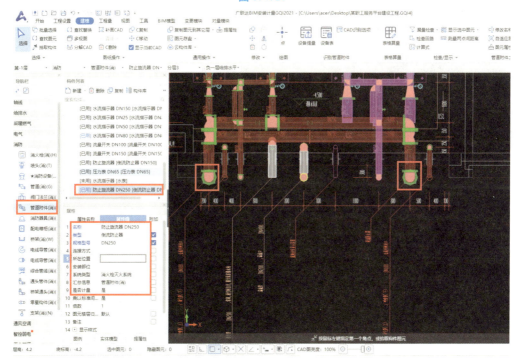

图 1.4.22

注:旋流防止器属于管道附件(消)(A),但因其高度决定了管道的立管长度,所以归类到消防设备(消)(S)中才可设置设备高度属性。

②设置管道属性。依次选中"构件列表"中新建的管道,按照管道材质规格等图纸信息进行属性内容填写。

③在建模区绘制管道。先绘制横管,选择"建模"下的"直线"命令,依据图纸管线走向进行绘制。在横管绘制过程中,注意改变横管标高,非结束段竖直立管软件可自动生成,因此立管可后绘制,主要是绘制结束段的立管。这样可以有效提高建模速度。

消火栓给水泵出水管 DN100 的管道设置如图 1.4.23 所示。其中,"吊杆长度(m)"为"2.5"[(-1.2[管中心高度]-0.05[管道半径])×2 根],根据规范选择 10 mm 的吊杆,"吊杆规格重量"为"0.617"。

图 1.4.23

消火栓给水泵出水管 DN100 梁下 0.2 m 安装的命令、选用系统和管材、横管标高设置、绘制路线和工程量如图 1.4.24 所示。双击"构件列表"可在绘图区高亮显示图形和对应"明细量表"。

消火栓给水泵出水管 DN100 穿楼板立管标高设置和绘制位置如图 1.4.25 所示。

管道绘制完后的平面效果和 3D 效果如图 1.4.26 所示。

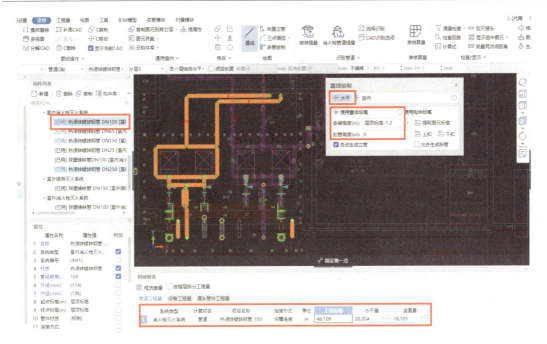

图 1.4.24

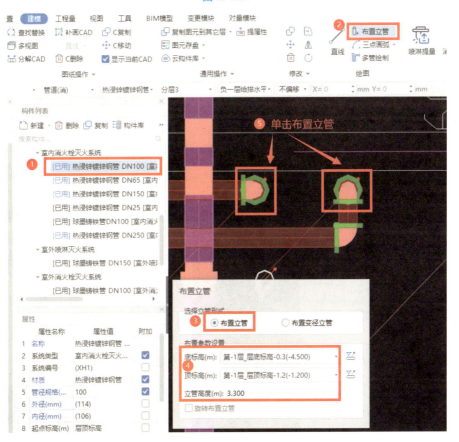

图 1.4.25

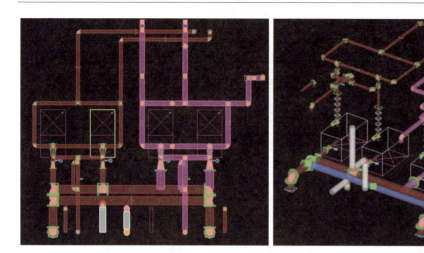

图 1.4.26

3) 计算阀门附件工程量

阀门附件工程量可按照以下流程进行计算：

①新建阀门附件。在"导航栏"中选择需布置的阀门附件类别，在"构件列表"中新建管道。

②设置阀门附件属性。依次选中"构件列表"中新建的阀门附件，按照管规格、连接方式等图纸信息进行属性内容填写。

③在建模区点布阀门附件。可先在 2D 视角布置横管上的阀门附件，选择"建模"下的"点"命令，依据图纸中阀门附件图例的位置单击鼠标左键点布；再切换到 3D 视角布置立管上的阀门附件，需注意捕捉对应的立管（捕捉成功时立管底部会有立管的圆圈投影）。

DN100 蝶阀的设置、操作命令、布置位置及工程量如图 1.4.27 所示

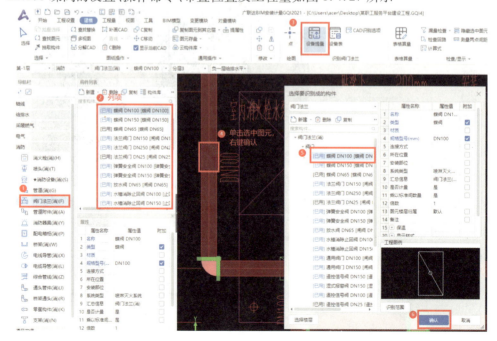

图 1.4.27

其余计量内容操作方法相同。

4)工程量汇总及报表查看

后续工程量汇总及报表查看内容与任务 1.1 中一致,本任务略。

1.4.5　任务总结

①水泵房常规算量顺序参照设备、管道及相关项、阀门附件、套管及其他等顺序进行。

②算量软件的操作具有共性,各种对象的设置和绘制方式类似,可举一反三地进行实践操作。但各项工程图纸又具有其个性,需结合软件特点进行灵活处理,处理方式是造价人员宝贵的项目经验,因此进行一定体量的算量练习是提高算量水平的重要方式之一。

③本次任务属于给排水工程中的消防给排水,管道、设备阀门附件、套管、支架等与生活给排水方式一样,但连接方式、阀门附件的类别、设备类别与之有区别,是学习的难点。

课后任务

1.算量练习:请完成水泵房的手工算量和 BIM 算量练习。

2.拓展思考:请仔细观察本任务中手工算量配套的 Revit 模型图,思考手工算量、GQI 算量和 Revit 模型算量之间是否有工程量差异? 如果有,这些差异产生在哪些地方? 对后期的计价会产生什么样的影响?

任务 1.5　建筑室外给排水系统

素质目标	知识目标	能力目标
（1）通过遵循规范准确列项，培养科学严谨的职业态度和良好的工作习惯； （2）通过多次核验和完善算量数据，培养挫折承受能力和精益求精的职业精神	（1）掌握建筑室外给排水工程清单列项及算量方法； （2）熟悉《通用安装工程工程量计算规范》（GB 50856—2013）附录 J、K 中建筑室外管网相关项目编码、项目名称、项目特征、计量单位、计算规则等内容	能够依据施工图，按照相关规范，完整编制建筑室外给排水工程量清单并准确计算工程量

1.5.1　任务信息

本任务计算对象为"某职工服务平台建设工程项目"建筑室外给排水管网系统。由附近市政给水管网上接出两根 DN150 的给水干管，在建筑地块周围敷设成 DN150 的室外环状给水管道，作为生活给水和消防给水水源。排水采用雨水、污水分流制，生活污水经组织排入生化池，达标后排入污水排水管。室外雨水采用平算雨水口和雨水管组织排放。

某职工服务平台
建设工程——
给排水总图

本次任务为分系统识读"某职工服务平台建设工程项目"给排水总图，即建筑室外管网图相关内容。依据《通用安装工程工程量计算规范》（GB 50856—2013）和《重庆市通用安装工程计价定额》（CQAZDE—2018）中的计算规定，采用手工算量和 BIM 算量两种方式计算室外管网系统工程量。列项方式与《通用安装工程工程量计算规范》附录一致，并满足工程所在地计价定额相关要求。

1.5.2　任务分析

利用手工算量和 BIM 算量两种方法计算建筑室外给排水管网系统工程量。

1）手工算量

利用 CAD 快速看图软件测量数量，在 Excel 表中进行记录并汇总，可参照以下工作顺序进行：

①确认比例。

②确定室外各管道系统的计算起点和终点，包含室外管道与室内管道分界点，室外管道与市政管道分界点。依据为《通用安装工程工程量计算规范》（GB 50856—2013）和《重庆市通用安装工程计价定额》（CQAZDE—2018）中的规定，同时结合施工图绘制范围，还需与室内给排水算量团队进行界限沟通，才能确定既满足规范要求又适合工程计算的管道分界点。后续讲解均依据上述两个规范进行。

③计算室外构筑物的工程量。如检查井、水表井、生化池等。

④计算管道及相关项的工程量。本任务室外管道均为水平管道,水表井内通过剖面图识读有竖直管道。其他相关项包含,如管沟开挖回填、刷油防腐等。注意管沟开挖回填需要与土建团队沟通协调好的专业分工。

⑤计算安装于管道上的阀门附件或与管道连接的供水设备等工程量。如水泵接合器、室外消火栓等。

⑥计算图纸中未标注,但必须计算或者在设计说明中明确的工程量。

2)BIM 算量

利用广联达 BIM 安装计量软件(GQI),构建室外给排水系统三维模型,输出工程量。

①建模前的准备。

②分析室外管网分布特点,结合 BIM 算量原理和设置内容,按绘制管道、布置阀门附件、构筑物和管沟开挖回填表格计量进行模型创建。

③建模完成后,进行工程量反查核验。

1.5.3　知识链接

1)水表井相关知识

水表井具有计量用水量、开断水源等功能,因此包含多种阀门附件。水表井中的阀门附件按成组计算还是单独计算需根据计价定额中的人材机明细,结合图纸中水表井的组成内容综合确定。

2)管沟开挖回填相关知识

如何"准确"计算体积

《房屋建筑与装饰工程工程量计算规范》(GB 50854—2013)和《重庆市建设工程工程量计算规则》(CQJLG—2013)中,管沟开挖回填的项目名称为"管沟土方",包含了土方开挖和回填,并非一挖一填两条清单项目,如图 1.5.1 所示。

项目编码	项目名称	项目特征	计量单位	工程量计算规则	工作内容
010101007	管沟土方	1.土壤类别 2.管外径 3.挖沟深度 4.回填要求	1. m 2.m³	1.以米计量,按设计图示以管道中心线长度计算 2.以立方米计量,按设计图示管底垫层面积乘以挖土深度计算;无管底垫层按管外径的水平投影面积乘以挖土深度计算。不扣除各类井的长度,井的土方并入	1.排地表水 2.土方开挖 3.围护(挡土板)、支撑 4.运输 5.回填

图 1.5.1

关于管沟开挖回填的工程量计算,《房屋建筑与装饰工程工程量计算规范》(GB 50854—2013)中规定:"挖沟槽、基坑、一般土方因工作面和放坡增加的工程量(管沟工作面增加的工程量)是否并入各土方工程量中,应按各省、自治区、直辖市或行业建设主管部门的规定实施,如并入各土方工程量中,办理工程结算时,按经发包人认可的施工组织设计规定计算,编制工程量清单时,可按表 A.1-3 至表 A.1-5 规定计算。"《重庆市建设工程工程量计算规则》(CQJLGZ—2013)中规定,"挖沟槽、基坑、管沟、一般土方因工作面和放坡增加的工程量并入各土方工程量中","办理工程结算时,如设计或批准的施工组织设计(方案)有规定则按规定计算";同时规定计算规则为:以"m³"计量,按设计图示管座(基)宽度乘以挖土深度乘以长度加工作面及放坡工程量以体积计算;无管座(基)的,按管外径乘以挖土深度乘以长度加工作面及放坡工程量以体积计算。不扣除各类井的长度,井的土方并入管沟土方工程量内。

根据以上规定,土方工程量计算公式为

$$V = (b + kh)hL$$

其中,b 表示沟底宽度,k 表示边坡系数,h 表示管沟深度,L 表示管沟长度。挖一般土方、沟槽、基坑土方放坡应根据设计或批准的施工组织设计要求的放坡系数。当设计或批准的施工组织设计无规定时,放坡系数 k 如表 1.5.1 所示。当管沟截面为矩形时,放坡系数 k 为 0。

表 1.5.1 规范中规定的边坡系数

人工挖土	机械开挖土方		放坡起点深度/m
土方	在沟槽、坑底	在沟槽、坑边	土方
1:0.3	1:0.25	1:0.67	1.5

3)水泵接合器相关知识

水泵接合器分为地上式、地下式和墙壁式,为成套成品设备,计量单位为"套"。以型号为 SQS100-1.6 的地上式水泵接合器为例,其成品包括水泵接合器本体、泄水阀、安全阀、闸阀,图纸中均用图例符号表示出来(图 1.5.2),因其购买的成品均包含附件,所以不应单独计量。

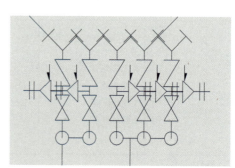

图 1.5.2

4)计算规则

前述规范中明确了以下与本任务相关的计算规则:各类管道安装区分室内外、材质、连接形式、规格,按设计图示中心线长度计算,不扣除阀门、管件、附件(包括器具组成)及附属构筑物所占长度。给水管道以与市政管道碰头点或计量表、阀门(井)为界。室外排水管道以与市政管道碰头井为界。阀门管件的计算规格与室内一致。

1.5.4　任务实施

1)手工算量

(1)比例确认

本任务图纸标注长度与实际长度的比例为 1∶1 000,需将图纸比例调大 1 000 倍再进行管道长度算量。

(2)确定室外给排水系统的计算起点和终点

①室内外给水管道分界点。相关规范规定以外墙皮外 1.5 m 处为界,入口处设阀门者以阀门为界。识读 1 层给排水平面图,引入管在Ⓔ和①轴线相交处附近,无阀门,如图 1.5.3 所示。识读给排水总图Ⓔ和①轴线相交处,引入管处也无阀门,因此确定本任务室内外给水管分界点为外墙皮 1.5 m 处。

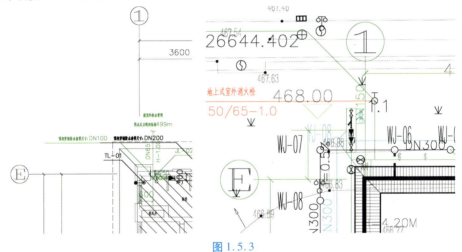

图 1.5.3

②室内外排水(本任务为污水、雨水)管道分界点。相关规范规定以出户第一个排水检查井为界。识读 1 层给排水平面图确定排出管均连接到其出户的一个排水检查井,如图 1.5.4所示。因此确定本任务室内外排水管分界点为各排出管出户连接的排水检查井。

③室内外消防管道分界点。相关规范规定与生活给排水一致。

综上,结合图纸绘制范围,本任务给水系统计算起点为外墙皮外 1.5 m 处,终点为水表井出井端的井外壁;污水系统计算起点为 WJ-01 检查井,终点为 WJ-20 检查井;雨水系统计算起点为各个双算雨水口和雨水沟处管段,终点为 YJ-12 雨水井;消火栓和喷淋给水系统起始点处外墙水平管端点,终点为水泵接合器。

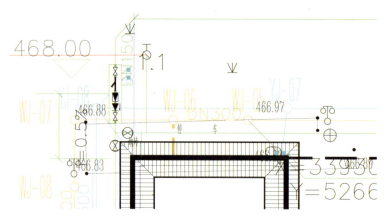

图 1.5.4

因此,管道计算起点范围以内均为计算对象。

(3)计算室外构筑物的工程量

识读给排水总图,并与设备材料表中的设备器材名称和数量进行比对,结合设备表规格信息,本任务需计算水表井(消防井、生活井)、检查井(污水、雨水)、阀门井等,如图1.5.5所示。

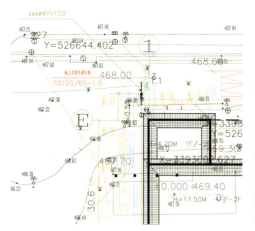

室外给排水主要设备材料表					
序号	设备器材名称	性能参数	单位	数量	备注
01	水表井	DN150/DN100	个	4	做法详05S502,P43页
02	倒流防止器	DN150 P=1.0 MPa	个	2	
03	阀门井	DN150	个	4	做法详05S502,P16页
04	检查井	∅700	座	23	
05	检查井	内净3000×1500	座	1	做法同水表井,A×B=3000×1500
06	室外消火栓	SS150/65-1.0	米	2	地上式
07	水泵接合器	SQS150-1.6	套	3	地上式
08	水泵接合器	SQS100-1.6	套	2	地上式
09	混凝土双算雨水口	850X620X120	个	9	
10	铝合金衬塑复合管	DN65~DN150	米	按实计	
11	内外壁热镀锌钢管	DN150	米	按实计	
12	球墨铸铁管	DN100	米	按实计	
13	FRPP模压排水管	DN200~DN300	米	按实计	

图 1.5.5

本任务水表井大样图中明确了水表井为 3 000(长)×1 500(宽)×1 000(高)的矩形井。《室外给排水主要设备材料表》中明确了水表井、阀门井和检查井的图集编号和页码等。以水表井 DN100 为例,图集中对应的做法如图1.5.6所示,为砖砌矩形水表井。按照《重庆市市政工程计价定额》(给排水专业中不包含水表井、阀门井等构筑物,需借用市政工程)规定的水表井的工程量计算规则,砌筑井按体积计算,扣除管道所占体积,按非定型井考虑。根据图集说明第4条查阅主要材料汇总表可得到水表井 DN100 砌筑工程量为:砖砌体(MU10 级砖)体积为5.8 m^3。其余砖砌筑水表井计算类似,成品井按"座"计算,如表1.5.2所示。

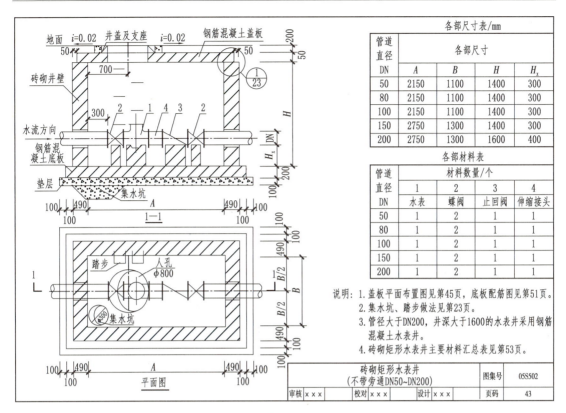

各部尺寸表/mm

管道直径 DN	各部尺寸			
	A	B	H	H_x
50	2150	1100	1400	300
80	2150	1100	1400	300
100	2150	1100	1400	300
150	2750	1300	1400	300
200	2750	1300	1600	400

各部材料表

管道直径 DN	材料数量/个			
	1	2	3	4
	水表	蝶阀	止回阀	伸缩接头
50	1	2	1	1
80	1	2	1	1
100	1	2	1	1
150	1	2	1	1
200	1	2	1	1

说明：1.盖板平面布置图见第45页，底板配筋图见第51页。
2.集水坑、踏步做法见第23页。
3.管径大于DN200，井深大于1600的水表井采用钢筋混凝土水表井。
4.砖砌矩形水表井主要材料汇总表见第53页。

砖砌矩形水表井 (不带旁通DN50~DN200)		图集号	05S502
审核×××　校对×××　设计×××		页码	43

图 1.5.6

表 1.5.2　水表井工程量表

砖砌矩形水表井(不带旁通)主要材料汇总表

地下水	活载荷	管道直径 DN /mm	A /mm	B /mm	井室深 H /mm	C10混凝土垫层/m³	砖砌体 (MU10级砖 M10水泥砂浆)/m³	现浇底板				预制盖板				井盖及支座	
								混凝土		钢筋		混凝土		钢筋			
								强度等级	体积/m³	种类	质量/kg	强度等级	体积/m³	种类	质量/kg	规格	数量/套
无地下水	非过车道汽车—10级重车	50~100	2 150	1 100	1 400	0.88	5.80	C25	1.52	HRB335(Φ)	69	C25	0.82	HRB235(Φ) HRB335(Φ)	102	φ800 或 φ700	1
		150	2 750	1 300	1 400	1.11	6.90		1.95		88		1.11		125	φ800 或 φ700	1
		200	2 750	1 300	1 600	1.11	7.90		1.95		88		1.11		125	φ800 或 φ700	1

(4)计算管道及相关项的工程量

①识读给排水总平面图,依据计算规则,分系统、规格、材质等测量管道水平长度,如图 1.5.7、图 1.5.8 所示。

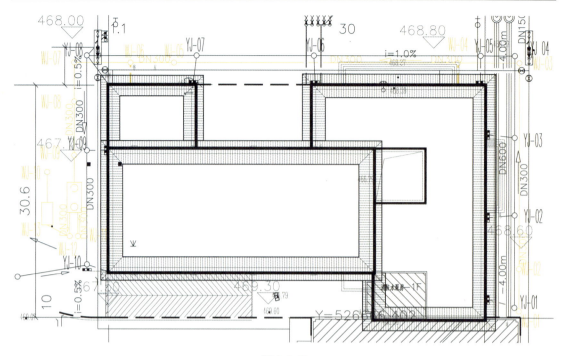

图 1.5.7

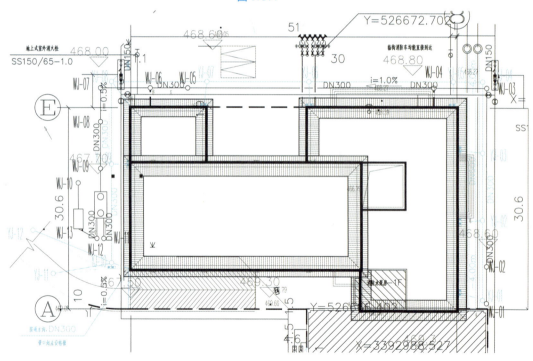

图 1.5.8

室外污水排水管 FRPP 模压排水管 DN300 水平长度:113+3.08×2+13.43＝129.51(m)。

室外雨水管铝合金衬塑复合管 DN150 水平长度:13.45+132+2.4+3.34+3.33+3.33+3.46+3.45+4.47+2.89+2.9＝178.73(m)。

水表井内铝合金衬塑复合给水管 DN150 竖直长度:(1/2+0.3)×2×3＝4.8(m),如图

1.5.9 所示。

②识读室外给排水管道开挖大样图,如图 1.5.10 所示,按照公式计算 DN150 管沟土方工程量。铝合金衬塑复合给水管 DN150 外径为 160 mm,沟底宽度为 $b=0.3$[工作宽度]$+0.16$[外径]$+0.3$[工作宽度]$=0.76$ m,放坡系数为 $k=0.33$,挖沟深度 $h=0.16$[外径]$+0.9$[覆土深度]$=1.06$(m),管道长度 $L=4.8$ m,因此 $V=(b+kh)hL=(0.3+0.16+0.3+0.33\times1.06)\times 1.06\times4.8=5.65$(m³)。

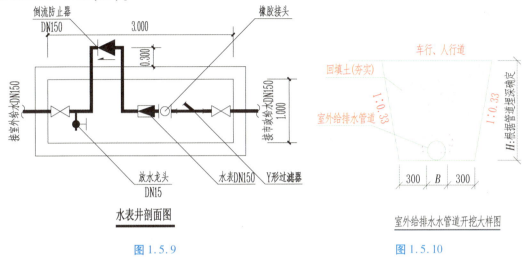

图 1.5.9　水表井剖面图

图 1.5.10　室外给排水水管道开挖大样图

依据计算规则,本任务室外管道及相关项工程量统计结果如表 1.5.3 所示。

表 1.5.3　室外管道及相关项工程量计算表

序号	项目名称	规格型号	单位	工程量	计算式	备注
1	铝合金衬塑复合给水管(给水)	DN150	m	219.94	217.04[水平]+(1+0.15+0.3)×2[水井中竖直]	0.15 为做法详《室外给水管道附属构筑物》(05S502),P43 页中盖板高度
2	FRPP 模压排水管(污水)	DN300	m	174.79	174.79[水平]	
	FRPP 模压排水管(雨水)	DN300	m	176.38	176.38[水平]	
	消防内外壁热镀锌钢管	DN100	m	12	6×2	接室外消火栓
3	消防内外壁热镀锌钢管	DN100	m	18.92	13.72[水平]+5.2[竖直]	竖直部分高度识读-2 层给水平面图
4	消防内外壁热镀锌钢管	DN150	m	18.03	17.03[水平]+1[竖直]	竖直部分高度识读-1 层给水平面图
5	消防水池连通管	DN600	m	86.96	39.48×2[水平]+(4+1.2)×2[竖直]	竖直部分高度识读消防水池取水口剖面图
6	管沟土方				计算方法参见"(4)计算管道及相关项的工程量"②中的讲解,结合单管或多管共沟敷设具体施工方案计算,此处略	

（5）计算安装于管道上的阀门附件等

本任务的阀门附件位于水表井、阀门井、水泵接合器处。

识读水表井剖面图并对照水表井平面图，1 座水表井包含的管道附件有：闸阀 2 个、放水龙头、倒流防止器、水表、橡胶接头、Y 形过滤器和法兰片 6 片。《重庆市建筑工程计价定额》中，法兰水表组材料中包含的附件有：水表、闸阀 2 个、止回阀、挠性接头、法兰片 2 片、螺纹截止阀，不包含 Y 形过滤器、倒流防止器以及管道端的法兰片 4 片（阀门附件本体通常自带法兰片）。处理方法为在计价阶段增加主材 Y 形过滤器，更改计价材料止回阀为倒流防止器并修改其单价，或者单独计量，建议优先选择前者。另外增加 4 片法兰片，管道端法兰片如图 1.5.9 所示。

本任务室外阀门附件工程量统计结果如表 1.5.4 所示。

表 1.5.4　室外阀门附件工程量计算表

序号	项目名称	规格型号	单位	工程量	备注
1	法兰水表组	DN100,包含闸阀 2 个、放水龙头、倒流防止器、水表、橡胶接头、Y 形过滤器、法兰片 2 片	组	2	西北和东北
2	法兰水表组	DN150,包含闸阀 2 个、放水龙头、倒流防止器、水表、橡胶接头、Y 形过滤器、法兰片 2 片	组	2	南
3	闸阀	DN150	个	4	阀门井内
4	法兰片	DN150	副	8	4×2(2 座生活水表井)+2×4(4 座阀门井),2 片为 1 副
5	法兰片	DN100	副	4	4×2(2 座消防水表井),2 片为 1 副
6	室外消火栓	地上式室外消火栓 SS150/65-1.0	套	2	北
7	消火栓系统地上式水泵接合器	型号为 SQS100-1.6,每套流量为 10 L/s	套	2	
8	自动喷水灭火系统地上式水泵接合器	型号为 SQS150-1.6,每套流量为 15 L/s	套	2	
9	混凝土双箅雨水口	850×620×120	套	9	

其他内容计算详见电子计算书。

2）BIM 算量

（1）建模前的准备

基础设置参见前文讲解，本任务相关重要设置有以下内容：

①在"设计说明"中设置管道材质和连接方式。本任务设计说明中明确了给水环网采用铝合金衬塑复合管,热熔承插连接；室外污水排水管及雨水排水管采用 FRPP 模压排水管,承

插连接;消防管道采用内外壁热镀锌钢管,法兰连接。软件没有的材质可增加,本任务软件设置如图 1.5.11 所示。

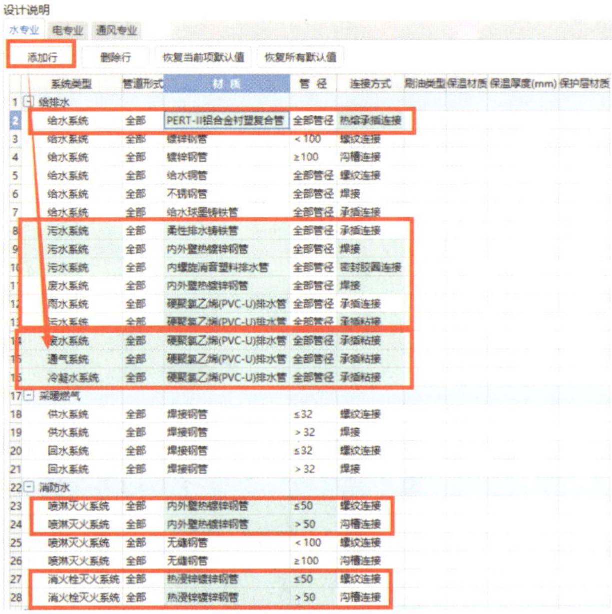

图 1.5.11

②在"其他设置"中设置管道材质和规格。需根据设计说明、设备材料表和平面图,在软件"其他设置"界面确认或增加管材种类和规格属性(后续绘制管道时需从此设置中选择相关信息)。以本任务室外给水管网为铝合金衬塑复合管 DN150 为例,软件中有本类管材但无管径,需按照设计说明中管材执行的标准增加 DN150 管道的规格属性参数设置,如图 1.5.12 所示。其余管材设置类似。

图 1.5.12

（2）绘制管道

管道绘制可按照以下流程进行：

①新建管道。在"导航栏"中选择需布置的管道类别，在"构件列表"中新建管道。

②设置管道属性。依次选中"构件列表"中新建的管道，按照管道材质规格等图纸信息进行属性内容填写。

③在建模区绘制管道。先绘制横管，选择"建模"下的"直线"命令，依据图纸管线走向进行绘制，水井中注意改变管道标高，软件自动生成水井中的竖直立管。

室外 DN150 给水环状管网设置和绘制范围如图 1.5.13 所示，水井处 3D 结果如图 1.5.14 所示。

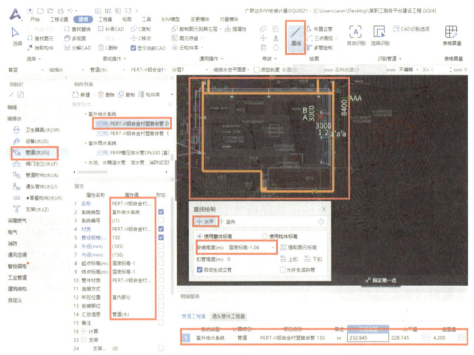

图 1.5.13

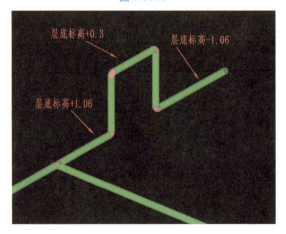

图 1.5.14

管道绘制完成后的 2D 效果和 3D 效果如图 1.5.15 所示。

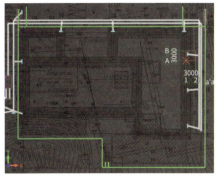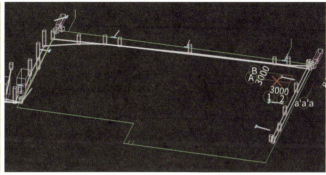

图 1.5.15

（3）布置阀门附件

布置方法与给排水算量任务一样，布置种类、数量见手工算量部分，本任务略。

（4）构筑物和管沟开挖回填表格计量

构筑物和管沟开挖回填适合使用"表格算量"，新增需要添加的算量内容，按照手工算量的方法录入各项数据，如图 1.5.16 所示。

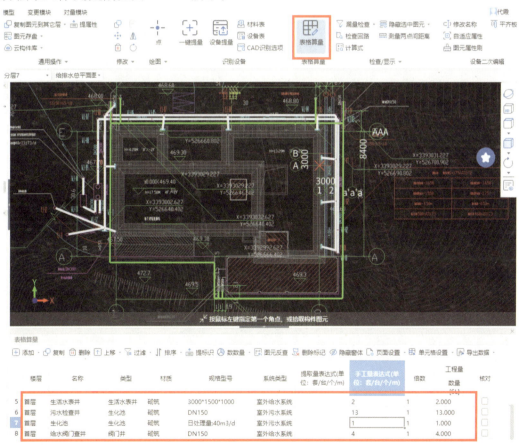

图 1.5.16

其余计量内容操作方法相同。

（5）工程量汇总及报表查看

工程量反查核验方法参见前文，本任务略。

1.5.5 任务总结

①水泵房常规算量顺序参照以下进行：管道、阀门附件、构筑物、管道开挖回填、防腐保温等。

②本次任务中，管沟开挖回填和砌筑井的算量是学习的难点，需根据设计要求结合图集以及软件特点进行。

课后任务

算量练习：请完成本任务以下构筑物规格填写和工程量计算。

室外构筑物工程量

序号	项目名称	规格型号	单位	工程量
1	消防水表井			
2	污水井			
3	雨水井			
4	阀门井			

模块 **2**
建筑暖通工程计量

任务 2.1　建筑防排烟系统

素质目标	知识目标	能力目标
（1）通过遵循规范准确列项，培养科学严谨的职业态度和良好的工作习惯； （2）通过精准算量多次校核和完善数据，培养挫折承受能力和精益求精的职业精神	（1）掌握建筑防排烟工程清单列项及算量方法； （2）熟悉《通用安装工程工程量计算规范》（GB 50856—2013）附录 G 中建筑防排烟工程项目编码、项目名称、项目特征、计量单位等内容	（1）能够依据施工图，按照相关规范，完整编制建筑防排烟工程量清单； （2）能够依据施工图，按照相关规范的工程量计算规则，计算建筑防排烟工程清单工程量

2.1.1　任务信息

某职工服务平台建设工程——暖通施工图

本任务计算对象为"某职工服务平台建设工程项目"建筑防排烟系统，包括建筑防排烟管道及相关管的设备、部件等。

本书配套图纸为"某职工服务平台建设工程项目施工图"，总建筑面积 6 790.73 m²，建筑体积约 29 000 m³，建筑使用性质为多层公共建筑，建筑层数为 6 层（4/-2F），建筑高度为 17.1 m。本次任务为识读"某职工服务平台建设工程项目"暖通施工图中"建筑防排烟系统"相关内容（包含设计说明、平面图、大样图等），依据《通用安装工程工程量计算规范》（GB 50856—2013）和《重庆市通用安装工程计价定额》（CQAZDE—2018）中的计算规定，采用手工算量和 BIM 算量两种方式计算建筑防排烟系统工程量。列项方式与《通用安装工程工程量计算规范》附录一致，并满足工程所在地计价定额相关要求。

2.1.2　任务分析

利用手工算量和 BIM 算量两种方法计算建筑防排烟系统工程量。

1)手工算量

①确认比例。测量长度之前,要确认图纸比例与软件实际测量比例一致,保证测量数据的准确性。

②确定建筑防排烟管道的计算起点和终点。

③计算建筑防排烟系统的设备工程量。如:风机等,因设备的安装高度、设备本体高度以及管道连接口的位置共同决定了水平管道安装高度及立管的长度,所以需在计算管道长度前进行设备工程量计算,并记录设备各项参数。

④计算安装于管道上的部件工程量。如阀门、风口等,其规格与所在管道相同。

⑤计算管道工程量。分材质、规格计算建筑防排烟管道工程量。

2)BIM 算量

利用广联达 BIM 安装计量软件(GQI),构建建筑防排烟系统三维模型,输出工程量。

①建模前的准备。包含新建工程、工程设置、图纸处理等。

②软件建模算量时,建筑防排烟系统需先计算防排烟设备、部件,再计算线性工程量,最后计算其余点式工程量。

③建模完成后,进行工程量反查核验。

2.1.3 知识链接

建筑防排烟系统一般由通风设备(防排烟风机等)、通风管道、风阀(防火阀等)、风口、风管部件等组成。

识读防排烟施工图时,首先查看图纸目录,检查图纸是否缺失;再看设计说明,掌握工程概况、技术指标、专项设计等,进而了解设计者的设计意图;最后细分系统,以风机为线索,逐个系统识读,针对每个系统,仔细阅读相关系统图、平面图、详图等,获取准确信息。

通风系统的组成

通风系统施工图识读方法

2.1.4 任务实施

在本书配套项目的图纸中,建筑防排烟系统位于-2 层车库及-1 层半地下活动场,均为机械排烟。

1)手工算量

(1)确认比例

测量通风防排烟平面图中任意一段已标注的线段长度,对比标注长度与实际测量长度是否一致,若一致,则可进行后续算量工作;若不一致,则根据识图软件比例设置方法进行调整。

通风及空调设备和部件计算规则

(2)计算设备工程量

本项目中建筑防排烟系统设备主要为风机,识读风机安装示意图可知风机吊装于板下。依据计算规则,本任务设备工程量统计结果如表 2.1.1 所示。

表 2.1.1　建筑防排烟系统的设备工程量

序号	项目名称	规格型号	计量单位	工程量	计算式
1	轴流式消防高温排烟风机 P(Y)-B1-1	HTF-Ⅱ-7:$L=20\ 784\ \text{m}^3/\text{h}$,$P=676\ \text{Pa}$,$n=1\ 450$ r/min,$N=8\ \text{kW}$(消防时排烟);$L=13\ 856\ \text{m}^3/\text{h}$,$P=296\ \text{Pa}$,$n=960\ \text{r/min}$,$N=6.5\ \text{kW}$(平时排风)	台	1	1
2	轴流式消防高温排烟风机 P(Y)-B2-1	HTF-Ⅱ-10:$L=35\ 000\ \text{m}^3/\text{h}$,$P=770\ \text{Pa}$,$n=1\ 450$ r/min,$N=11\ \text{kW}$(消防时排烟);$L=24\ 019\ \text{m}^3/\text{h}$,$P=338\ \text{Pa}$,$n=960\ \text{r/min}$,$N=9\ \text{kW}$(平时排风)	台	1	1

（3）计算风管部件工程量

识读通风防排烟平面图,对照图例表,本项目中建筑防排烟系统部件包括 280 ℃防火阀（常开）、止回阀、防火软接头、阻抗复合式消声器、消声弯头、对开多叶调节阀、单层百叶风口（带阀）。依据计算规则,本次任务风管部件工程量统计结果如表 2.1.2 所示。

表 2.1.2　建筑防排烟系统的风管部件工程量

序号	项目名称	规格型号	计量单位	工程量	计算式
1	280 ℃防火阀（常开）	$\phi1000$	个	1	1
2	280 ℃防火阀（常开）	$\phi700$	个	1	1
3	280 ℃防火阀（常开）	1 250×320	个	1	1
4	止回阀	$\phi1000$	个	1	1
5	止回阀	$\phi700$	个	1	1
6	防火软接头	$\phi1000$	m^2	1.26	1.00×2×0.2×1×3.14
7	防火软接头	$\phi700$	m^2	0.88	1.00×2×0.2×0.7×3.14
8	阻抗复合式消声器	1 000×1 600×400	个	1	1
9	消声弯头	1 250×320	个	1	1
10	280 ℃防火阀（常开）	1 600×400	个	1	1
11	对开多叶调节阀	630×320	个	2	1.00×2
12	对开多叶调节阀	1 000×320	个	1	1
13	单层百叶风口（带阀）	900×200	个	10	1.00×10

（4）计算风管工程量

识读通风防排烟施工说明,空调系统、新风系统、通风及防排烟系统风管均采用镀锌钢板制作,咬口连接,管件处均采用法兰连接。厚度及加工办法按《通风与空调工程施工质量验收规范》（GB 50243—2016）确定,如表 2.1.3 所示,排烟系统钢板厚度按高压系统选取,风管长边尺寸大于 2 000 mm 的排烟风管,厚度 1.5 mm。

表 2.1.3　钢板风管板材厚度

风管直径或长边尺寸 b/mm	板材厚度/mm				
	微压、低压系统风管	中压系统风管		高压系统风管	除尘系统风管
		圆形	矩形		
$b \leqslant 320$	0.5	0.5	0.5	0.75	2.0
$320 < b \leqslant 450$	0.5	0.6	0.6	0.75	2.0
$450 < b \leqslant 630$	0.6	0.75	0.75	1.0	3.0
$630 < b \leqslant 1\,000$	0.75	0.75	0.75	1.0	4.0
$1\,000 < b \leqslant 1\,500$	1.0	1.0	1.0	1.2	5.0
$1\,500 < b \leqslant 2\,000$	1.0	1.2	1.2	1.5	按设计要求
$2\,000 < b \leqslant 4\,000$	1.2	按设计要求	1.2	按设计要求	按设计要求

　　《通用安装工程工程量计算规范》(GB 50856—2013)规定:"风管展开面积,不扣除检查孔、测定孔、送风口、吸风口等所占面积;风管长度一律以设计图示中心线长度为准(主管与支管以其中心线交点划分),包括弯头、三通、变径管、天圆地方等管件的长度,但不包括部件所占的长度。"因此,本任务中风管长度需扣除阀门、防火软接头、消声器所占长度。

　　识读通风防排烟平面图,防排烟系统风管水平长度测量如图 2.1.1 所示,排烟井中风管工程量图纸已直接给出(见附录 3)。

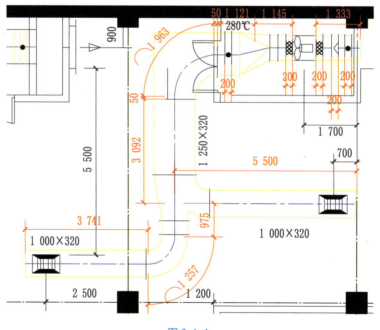

图 2.1.1

　　依据计算规则,本任务风管工程量统计结果如表 2.1.4 所示。

表2.1.4　建筑防排烟系统的风管工程量

序号	项目名称	规格型号	计量单位	工程量	计算式
1	镀锌钢板风管	ϕ1 000,δ=1.0,咬口连接	m²	3.39	(1.28+0.6-0.2×4)[-2层水平风管]×(1.00×3.14)[风管周长]
2	镀锌钢板风管	1 600×400,δ=1.5,咬口连接	m²	83.52	(22.18-0.3-1)[-2层水平风管]×(1.60+0.40)×2[风管周长]
3	镀锌钢板风管	1 600×320,δ=1.5,咬口连接	m²	50.96	13.27[-2层水平风管]×(1.60+0.32)×2[风管周长]
4	镀锌钢板风管	1 000×320,δ=1.0,咬口连接	m²	49.58	((7.50-0.2)[-2层水平风管]+(5.5+0.98+1.26+3.74)[-1层水平风管])×(1.00+0.32)×2[风管周长]
5	镀锌钢板风管	630×320,δ=0.75,咬口连接	m²	67.98	(6.47+23.47+6.24-0.2×2)[-2层水平风管]×(0.63+0.32)×2[风管周长]
6	镀锌钢板风管	400×320,δ=0.75,咬口连接	m²	9.56	6.64[-2层水平风管]×(0.40+0.32)×2[风管周长]
7	镀锌钢板风管	ϕ700,δ=1.0,咬口连接	m²	3.69	(1.33+1.15-0.2×4)[-1层水平风管]×(0.7×3.14)[风管周长]
8	镀锌钢板风管	1 250×320,δ=1.2,咬口连接	m²	12.91	(1.12+0.05+0.05+3.09-0.2)[-1层水平风管]×(1.25+0.32)×2[风管周长]
9	镀锌钢板风管	1 300×1 000,δ=1.2,咬口连接	m²	1.24	1.24[排烟井]
10	镀锌钢板风管	1 700×1 000,δ=1.5,咬口连接	m²	1.36	1.36[排烟井]

　　"某职工服务平台建设工程项目"所属地区计价定额《重庆市通用安装工程计价定额》(CQAZDE—2018)规定:"薄钢板通风管道、净化通风管道,复合型风管制作安装子目中,包括弯头、三通、变径管、天圆地方等管件及法兰、加固框和吊托支架的制作安装,但不包括过跨风管落地支架,落地支架制作安装按本册第一章'设备支架制作、安装'相应定额子目执行。"因此,本任务中无须计算支吊架工程量。

2)BIM算量

(1)新建工程及建模准备

建筑暖通工程的新建工程及建模准备方式与建筑给排水工程一致,参照任务1.1中新建工程及建模准备完成。

(2)计算通风设备工程量

新建通风设备并设置其属性,单击"设备提量"在绘图区选中CAD底图图元,单击右键确认,布置通风设备,如图 2.1.2 所示。

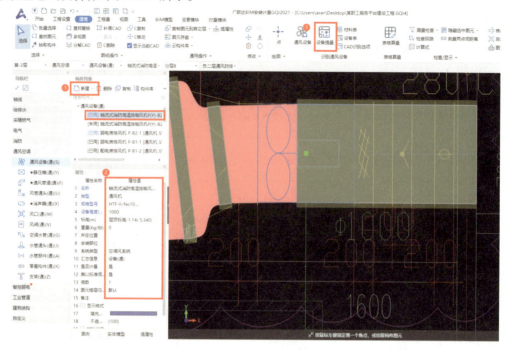

图 2.1.2

(3)计算通风管道工程量

使用自动识别功能进行绘制,单击"风管标注合并",将风管规格标注合并;单击"系统编号",左键单击风管边线及标注,右键确认,设置风管属性,可以自动识别绘制整个系统,与风机连接的软接头自动生成。对于没有自动识别的风管,新建通风管道构件,单击"直线"绘制,根据 CAD 底图绘制风管,如图 2.1.3 所示。

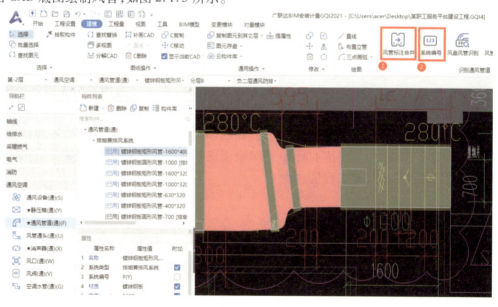

图 2.1.3

　　天圆地方处需要单独绘制,采用圆形通风管道与矩形通风管道相连的方式绘制,选择相应的圆形风管构件,单击"直线"绘制,从风机绘制矩形风管处,自动生成天圆地方,如图 2.1.4 所示。

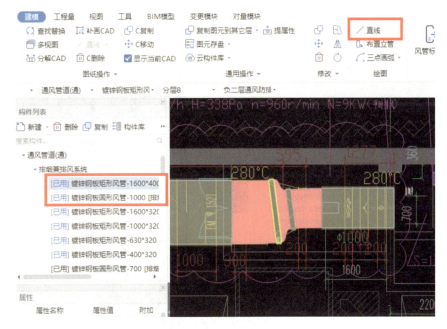

图 2.1.4

　　风管管件需要单独绘制,单击"风管通头识别",框选绘图区域,右键确认,自动生成对应管件。通风管道绘制完毕,如图 2.1.5 所示。

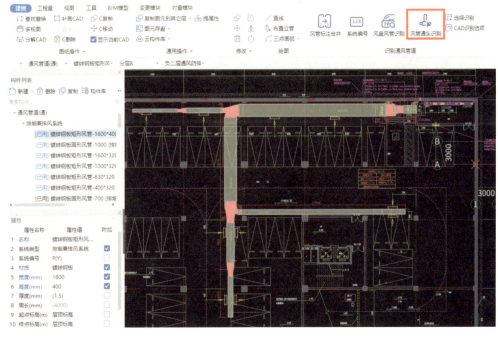

图 2.1.5

（4）计算风阀工程量

单击"风阀提量"，框选或者点选 CAD 图元，单击绘图区域左上角"全图识别"，设置其属性，绘制风阀，如图2.1.6所示。

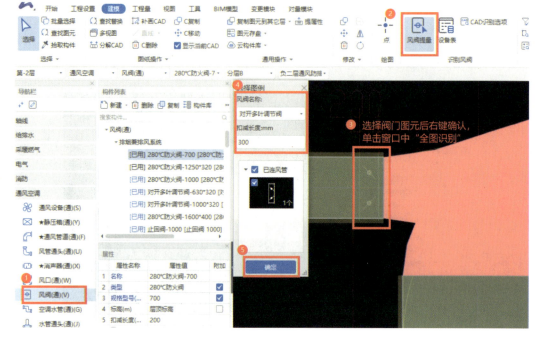

图 2.1.6

其余计量内容操作方法相同。

（5）工程量汇总及报表查看

工程量反查核验方法参见前文，本任务略。

2.1.5　任务总结

1)手动算量与 BIM 算量异同

二者均能提取建筑防排烟系统工程量，且能得到工程量明细及汇总表等成果文件。手动算量利用看图软件手动测量长度、数个数，计算速度较慢；GQI 通过构建三维模型算量，速度较快，容易反查。

2)数据可追溯

手动算量要用 Excel 表详细记录过程数据，如分管道系统、分管道或设备类型、分水平或竖向工程量等，确保数据可追溯，便于对量。

3)构件属性准确性

BIM 算量构建模型时，要确保输入构件属性的准确性，尤其是复制的构件，否则易造成工程量错误。

课后任务

算量练习:请完成建筑防排烟系统的手工算量和 BIM 算量练习。

任务2.2　建筑通风系统

素质目标	知识目标	能力目标
（1）通过遵循规范准确列项，培养科学严谨的职业态度和良好的工作习惯； （2）通过精准算量多次完善数据，培养挫折承受能力和精益求精的职业精神	（1）掌握建筑通风工程清单列项及算量方法； （2）熟悉《通用安装工程工程量计算规范》（GB 50856—2013）附录G中建筑通风工程项目编码、项目名称、项目特征、计量单位等内容	（1）能够依据施工图，按照相关规范，完整编制建筑通风工程量清单； （2）能够依据施工图，按照相关规范的工程量计算规则，计算建筑通风工程清单工程量

2.2.1　任务信息

本任务计算对象为"某职工服务平台建设工程项目"建筑通风系统，包括排风系统、送风及补风系统的管道及其相关管道的设备、部件等。本书以送风及补风系统工程量计算为例进行讲解，排风系统参照送风及补风系统进行计算。

本次任务为识读"某职工服务平台建设工程项目"暖通施工图中"建筑通风系统"相关内容（包含设计说明、平面图、大样图等），依据《通用安装工程工程量计算规范》（GB 50856—2013）和《重庆市通用安装工程计价定额》（CQAZDE—2018）中的计算规定，采用手工算量和BIM算量两种方式计算建筑通风系统工程量。列项方式与《通用安装工程工程量计算规范》附录一致，并满足工程所在地计价定额相关要求。

2.2.2　任务分析

利用手工算量和BIM算量两种方法计算建筑通风系统工程量。

1）手工算量

①确认比例。测量长度之前，要确认图纸比例与软件实际测量比例一致，保证测量数据准确。

②计算建筑通风系统的设备工程量。如风机等。

③计算安装于管道上的部件工程量。如阀门、风口等，其规格与所在管道相同。

④计算管道工程量。分材质、规格计算建筑通风管道工程量。

2）BIM算量

利用广联达BIM安装计量软件（GQI），构建建筑通风系统三维模型，输出工程量。

①建模前的准备。包括新建工程、工程设置、图纸处理等。

②软件建模算量时，建筑通风系统需先计算通风设备、部件，再计算线性工程量，最后计算其余点式工程量。

③建模完成后,进行工程量反查核验。

2.2.3　知识链接

建筑通风系统一般由通风设备、通风管道、风阀、风口、风管部件等组成。

识读通风系统施工图时,首先查看图纸目录,检查图纸是否缺失;再看设计说明,掌握工程概况、技术指标、专项设计等,进而了解设计者的设计意图;最后细分系统,以风机为线索,逐个系统识读,针对每个系统,仔细阅读相关系统图、平面图、详图等,获取准确信息。

2.2.4　任务实施

本书配套项目的图纸中,送风及补风系统位于−1 层的游泳馆设备用房、半地下活动场、配电室和消防水泵房,均为机械送风及补风。

1)手工算量

（1）比例确认

前面计算时已确认比例,此处省略这个步骤。

（2）计算设备工程量

本项目中建筑送风及补风系统设备主要为送风机和补风机,识读风机安装示意图可知风机吊装于板下。依据计算规则,本任务设备工程量统计结果如表 2.2.1 所示。

表 2.2.1　建筑送风及补风系统的设备工程量

序号	项目名称	规格型号	计量单位	工程量	计算式
1	送风机(兼火灾补风)SJ-B1-1	SWF-Ⅰ-6.5:落地安装,$L=12\ 255\ \mathrm{m^3/h}$,$P=350\ \mathrm{Pa}$,$n=1\ 450\ \mathrm{r/min}$,$N=2.2\ \mathrm{kW}$	台	1	1
2	设备用房补风机B-B1-1	SWF-Ⅰ-6:$L=6\ 283\ \mathrm{m^3/h}$,$P=176\ \mathrm{Pa}$,$n=960\ \mathrm{r/min}$,$N=0.75\ \mathrm{kW}$	台	1	1
3	设备用房补风机B-B1-2	SWF-Ⅰ-4.5:$L=4\ 040\ \mathrm{m^3/h}$,$P=216\ \mathrm{Pa}$,$n=1\ 450\ \mathrm{r/min}$,$N=0.55\ \mathrm{kW}$	台	1	1
4	设备用房补风机B-B1-3	SWF-Ⅰ-3.5:$L=1\ 592\ \mathrm{m^3/h}$,$P=103\ \mathrm{Pa}$,$n=960\ \mathrm{r/min}$,$N=0.13\ \mathrm{kW}$	台	1	1

（3）计算风管部件工程量

识读通风防排烟平面图,对照图例表,本项目中建筑送风及补风系统部件包括防火阀(常开)、止回阀、防火软接头、消声器、风口等。依据计算规则,本任务风管部件工程量统计结果如表 2.2.2 所示。

表2.2.2　建筑送风及补风系统的风管部件工程量

序号	项目名称	规格型号	计量单位	工程量	计算式
1	70℃防火阀(常开)	φ650	个	1	1[S1]
2	70℃防火阀(常开)	1 250×320	个	1	1[S1]
3	止回阀	φ650	个	1	1[S1]
4	止回阀	800×250	个	1	1[B1]
5	70℃电动防火阀	800×250	个	1	1[B1]
6	70℃电动防火阀	500×250	个	1	1[B2]
7	70℃电动防火阀	400×200	个	1	1[B3]
8	防火软接头	φ650	个	2	1.00×2[S1]
9	防火软接头	φ450	个	2	1.00×2[B1]
10	防火软接头	φ315	个	2	1.00×2[B3]
11	阻抗复合式消声器	1 000×1 000×320	个	1	1[S1]
12	阻抗复合式消声器	500×800×250	个	1	1[B1]
13	阻抗复合式消声器	500×500×250	个	1	1[B2]
14	阻抗复合式消声器	400×400×200	个	1	1[B3]
15	双层百叶风口	1 250×800	个	1	1[S1]
16	双层百叶风口	600×400	个	1	1[B2]
17	双层百叶风口	700×600	个	1	1[B1]
18	双层百叶风口	400×300	个	1	1[B3]
19	70℃电磁防火百叶风口	600×600(H)	个	1	1[送风井]
20	70℃防火百叶风口	2 400×2 100(H)	个	1	1[送风井]
21	防雨百叶风口	1 800×1 400	个	1	1[送风井]
22	防雨百叶风口	400×900	个	1	1[送风井]
23	防雨百叶风口	400×500	个	1	1[B3]
24	防雨百叶风口	700×400	个	2	1.00×2[B3]

(4)计算风管工程量

识读暖通施工总说明,结合风机规格型号可确定,送风及补风系统均为微压系统,如图2.2.1所示。风管材质及厚度确定布置见本书2.1.4小节。

识读通风防排烟平面图,送风及补风系统风管水平长度测量如图2.2.2所示。送风井中风管工程量图纸已直接给出。

二、风管部分

2.1 风管材料及厚度

2.1.1 空调、通风及防排烟风管采用金属风管制作时，其厚度应符合下列规定：

风管直径D或长边尺寸b(mm)	钢板风管板材厚度/mm				
	微压、低压系统风管	中压系统风管		高压系统风管	除尘系统风管
		圆形	矩形		
$D(b) \leqslant 320$	0.50	0.50	0.50	0.75	2.00
$320 < D(b) \leqslant 450$	0.50	0.60	0.60	0.75	2.00
$450 < D(b) \leqslant 630$	0.60	0.75	0.75	1.00	3.00
$630 < D(b) \leqslant 1000$	0.75	0.75	0.75	1.00	4.00
$1000 < D(b) \leqslant 1500$	1.00	1.00	1.00	1.20	5.00
$1500 < D(b) \leqslant 2000$	1.00	1.20	1.20	1.50	6.00
$2000 < D(b) \leqslant 4000$	1.20	1.50	1.20	1.50	7.00

注：1.螺旋风管的钢板厚度可按圆形风管减少10%~15%。　2.不适用于地下人防与防火隔墙的预埋管。

　　3.厨房排油烟水蒸气及腐蚀性气体等风管厚度一般不小于1.5 mm。　4.排烟风管按高压系统风管的规定。

　　5.微压、低压：$P \leqslant 500$ Pa；中压：500 Pa$< P \leqslant 1500$ Pa；高压：$P > 1500$ Pa。

图 2.2.1

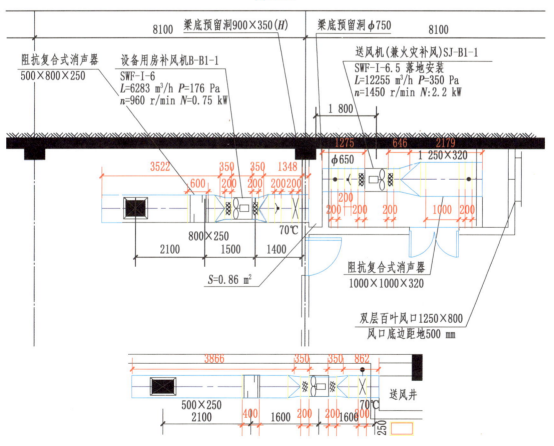

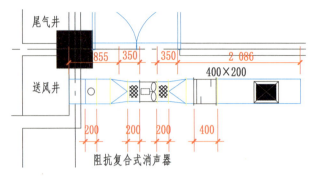

图 2.2.2

依据计算规则,本任务风管工程量统计结果如表 2.2.3 所示。

表 2.2.3 建筑送风及补风系统的风管工程量

序号	项目名称	规格型号	计量单位	工程量	计算式
1	镀锌钢板风管	$\phi 650,\delta=0.75$,咬口连接	m²	2.92	$((1.28+0.65-0.2\times4)$[S1 风管长度]$+(0.35\times2-0.2\times2)$[B1 风管长度])$\times(0.65\times3.14)$[风管周长]
2	镀锌钢板风管	$1\,250\times320,\delta=1.0$,咬口连接	m²	3.08	$(2.18-0.2-1)$[S1 风管长度]$\times(1.25+0.32)\times2$[风管周长]
3	镀锌钢板风管	$800\times250,\delta=0.75$,咬口连接	m²	6.13	$(3.52-0.6)$[B1 风管长度]$\times(0.8+0.25)\times2$[风管周长]
4	镀锌钢板风管	$\phi450,\delta=0.5$,咬口连接	m²	0.42	$((0.35\times2-0.2\times2)$[B2 风管长度]$)\times(0.45\times3.14)$[风管周长]
5	镀锌钢板风管	$500\times250,\delta=0.6$,咬口连接	m²	6.20	$(3.87+0.86-0.4-0.2)$[B2 风管长度]$\times(0.5+0.25)\times2$[风管周长]
6	镀锌钢板风管	$\phi315,\delta=0.5$,咬口连接	m²	0.30	$((0.35\times2-0.2\times2)$[B2 风管长度]$)\times(0.315\times3.14)$[风管周长]
7	镀锌钢板风管	$400\times200,\delta=0.5$,咬口连接	m²	2.82	$(0.86+2.09-0.4-0.2)$[B2 风管长度]$\times(0.4+0.2)\times2$[风管周长]
8	镀锌钢板风管	$2\,300\times400,\delta=1.2$,咬口连接	m²	0.86	0.86[送风井]
9	镀锌钢板风管	$1\,100\times1\,100,\delta=1.0$,咬口连接	m²	1.09	1.09[送风井]
10	镀锌钢板风管	$1\,000\times800,\delta=0.75$,咬口连接	m²	0.76	0.76[送风井]

其他内容计算方法类似,详细见电子计算书。

2) BIM 算量

（1）新建工程及建模准备

已在任务 2.1 完成此项操作。

（2）计算通风设备工程量

通风系统在建模时，先绘制通风设备（风机），再绘制通风管道，可以在风机处自动生成软接头。通风设备绘制步骤同防排烟系统，参见任务 2.1 建筑防排烟系统。

（3）计算通风管道工程量

横向风管的绘制步骤同防排烟系统，竖向风管的绘制步骤包括选择对应风管构件，单击"布置立管"，填写标高，在建模区域点画布置立管，如图 2.2.3、图 2.2.4 所示。

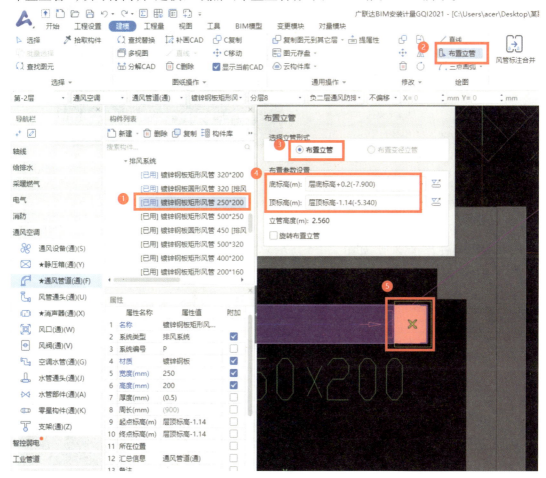

图 2.2.3

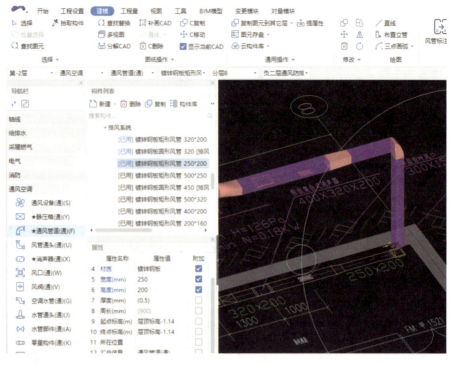

图 2.2.4

(4)计算风阀风口工程量

风阀绘制步骤详见任务 2.1 建筑防排烟系统。

风口的绘制,单击"系统风口提量",框选或者点选 CAD 图元,单击绘图区域左上角"全图识别",设置其属性,绘制风口,如图 2.2.5 所示。

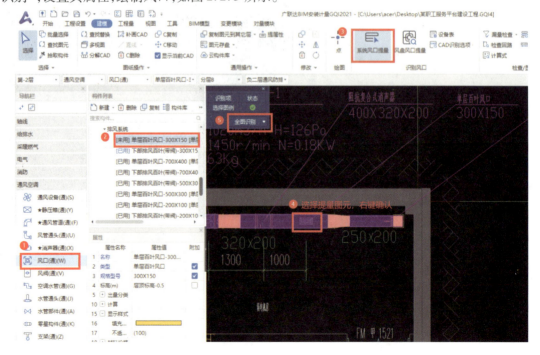

图 2.2.5

（5）计算消声器工程量

单击"消声器提量"，框选或者点选 CAD 图元，单击右键确认，设置其属性，绘制消声器，如图 2.2.6 所示。

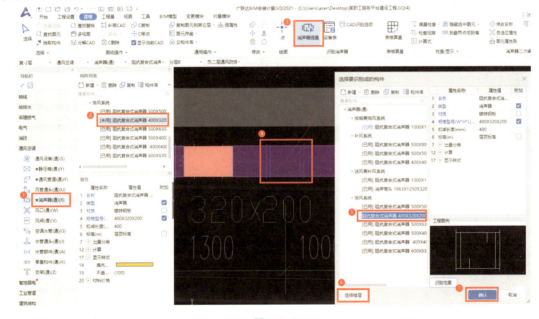

图 2.2.6

其余计量内容操作方法相同。

（6）工程量汇总及报表查看

工程量反查核验方法参见前文，本任务略。

2.2.5　任务总结

1）手动算量与 BIM 算量异同

二者均能提取建筑通风系统工程量，且能得到工程量明细及汇总表等成果文件。手动算量利用看图软件手动测量长度、数个数，计算速度较慢；GQI 通过构建三维模型算量，速度较快，容易反查。

2)数据可追溯

手动算量要用 Excel 表详细记录过程数据,如分管道系统、分管道或设备类型、分水平或竖向工程量等,确保数据可追溯,便于对量。

3)构件属性准确性

BIM 算量构建模型时,要确保输入构件属性的准确性,尤其是复制的构件,否则易造成工程量错误。

课后任务

算量练习:请完成建筑通风系统的手工算量和 BIM 算量练习。

模块 3
建筑电气工程计量

任务 3.1　建筑供配电系统

素质目标	知识目标	能力目标
（1）体会新工艺在电能传输和电能分配中起到的作用，培养创新意识； （2）通过遵循规范准确列项，培养科学严谨的职业态度和良好的工作习惯； （3）通过精准算量多次完善数据，培养挫折承受能力和精益求精的职业精神	（1）掌握建筑供配电系统工程量手工算量与 BIM 算量方法； （2）熟悉《通用安装工程工程量计算规范》（GB 50856—2013）附录 D 中电气设备安装工程中的项目编码、项目名称、项目特征、计量单位等内容	能够依据施工图，按照相关规范，完整编制建筑供配电系统工程量清单并准确计算工程量

3.1.1　任务信息

本任务计算对象为"某职工服务平台建设工程项目"供配电系统，包括了从专用变电所及柴油发电机房到最后一级配电箱的输电网络以及配电设备。

本次任务为识读"某职工服务平台建设工程项目"电气工程图纸中"建筑供配电"相关内容（包含设计说明、平面图、系统图、大样图等），依据计算规则，采用手工算量及 BIM 算量两种方式计算供配电系统工程量。

某职工服务平台建设工程——电气施工图

3.1.2　任务分析

利用手工算量和 BIM 算量两种方法计算供配电系统工程量。

1) 手工算量

①建筑供配电系统工程量计算，一般以变电所内高压柜为起点，分系统、分

供配电系统的组成

回路计算,便于数据追溯反查。

②计算建筑供配电系统的设备工程量。如高低压柜、变压器、配电箱等,因设备的安装高度及位置、设备本体高度以及出线回路敷设方式,共同决定了母线、电缆、桥架或线槽等的长度,因此需在长度计算前进行设备工程量计算,并记录设备各项参数。

③计算桥架或线槽及相关项的工程量。桥架或线槽计算时均按设计图示尺寸以长度计算,此外要考虑桥架或线槽的安装支架及支架的刷油防腐等。

④计算母线的工程量。母线计算时按设计图示尺寸以长度计算,需考虑母线的预留长度。母线位于高低压柜组之间,图纸中一般不会绘制,计算时可测量柜组之间的距离。

⑤计算电缆及相关项的工程量。电缆计算时按设计图示尺寸以长度计算,需考虑电缆预留长度及附加长度,并计算电缆终端头。

⑥高低压柜下有立放[10 槽钢支架及 100×100×8 钢板,属于易漏项。

2)BIM 算量

利用广联达 BIM 安装计量软件(GQI),构建建筑供配电系统三维模型,输出工程量。

①图例表中无表达的设备,可直接新建设备并通过"点画"或"直线绘制"功能构建模型,如高低压配电柜、母线等。

②设备的安装高度及位置、设备本体高度以及出线回路敷设方式,共同决定了母线、电缆、桥架或线槽等的长度,因此需在构建母线、电缆、桥架或线槽等线性模型前,准确设置设备的属性。

3.1.3 知识链接

如何"准确"计算电缆桥架的长度

1)电缆工程量计算

①电力电缆、控制电缆敷设。根据电缆敷设环境、敷设方式与规格,按设计图示尺寸以长度计算(含预留长度及附加长度),以"m"为计量单位。不计算电缆敷设损耗量。

②竖井通道内敷设电缆长度,按照电缆敷设在竖井通道垂直高度以延长米计算工程量。

③电力电缆敷设定额是按照三芯(包括三相加零线)编制的,电缆每增加一芯相应定额增加 15%。单芯电力电敷设按照同截面电缆敷设定额乘以系数 0.7,两芯电缆按照三芯电缆敷设定额执行。截面 400～800 mm² 的单芯电力电缆敷设,按照 400 mm² 电力电缆敷设定额乘以系数 1.35;截面 800～1 600 mm² 的单芯电力电缆敷设,按照 400 mm² 电力电缆敷设定额乘以系数 1.85。

2)电缆终端头、电缆中间头工程量计算

①电缆头制作与安装,根据电压等级与电缆头形式及电缆截面,按照设计图示单根电缆接头数量计算,以"个"为计量单位。电力电缆和控制电缆均按照一根电缆有两个终端头计算。电缆穿刺线夹按电缆头计算。

②电力电缆中间头按照设计规定计算;设计未规定的以单根长度 400 m 为标准,每增加 400 m 计算一个中间头,增加长度小于 400 m 时计算一个中间头。

3)母线工程量计算

矩形与管形母线及母线引下线安装,根据母线材质及每相片数、截面积或直径,按照设计图示数量以"m/单相"计算。计算长度时,应考虑母线挠度和连接需要增加的工程量,不计算安装损耗量。母线和固定母线金具应按照设计安装数量加损耗量另行计算主材费。

3.1.4 任务实施

供配电系统施
工图识读

"某职工服务平台建设工程项目"电气工程在−1层设置了1个专用变电所和1个柴油发电机房。专用变电所内设置高压开关柜、变压器、低压开关柜,柴油发电机房设置一台常用功率为160 kW的柴油发电机组,并在变电所内设置两台低压开关柜与柴油发电机组相连。高压开关柜输送8.7/10 kV电流至变压器,转变成低压电输送至低压开关柜,再由低压开关柜出线输送至各配电箱。

给比较重要的用电设备配电的配电箱采用"一用一备"双电源供电模式,如:游泳池应急照明箱SBALE的主电源由从专用变电所内的低压配电柜11B04出线的11B28回路提供,备用电源由从柴油发电机房的低压配电柜1FD2出线的1FD21回路提供。

1)手工算量计算

(1)比例确认

分别测量1#专用变电所大样图和电气平面图中任意一段已标注的线段长度,对比标注长度与实际测量长度是否一致,若一致则可进行后续算量工作;若不一致,则根据识图软件比例设置方法进行调整。

(2)计算建筑供配电系统的设备工程量

识读1#专用变电所10 kV电气接线图、1#专用变电所低压配电系统图、柴油发电机低压配电系统图、竖向干线图、各配电箱系统图,并与设备材料表中的数量进行比对,结合设备表规格信息,本任务设备有高压开关柜、变压器、低压开关柜、柴油发电机组、配电箱。

依据计算规则,本任务建筑供配电系统的专用变电所和柴油发电机房内设备工程量统计结果如表3.1.1所示。

表3.1.1 专用变电所和柴油发电机房内设备工程量

序号	项目名称	规格型号	计量单位	工程量	计算式
1	高压开关柜1G1	XGN15-12-21;900×1 100×2 200	台	1	1
2	高压开关柜1G2	XGN15-12-14;500×1 100×2 200	台	1	1
3	高压开关柜1G3	XGN15-12-03G;900×1 100×2 200	台	1	1
4	高压开关柜1G4	KYN46-10(Z)-34;500×1 100×2 200	台	1	1
5	高压开关柜1G5	XGN15-12-04G;500×1 100×2 200	台	1	1
6	变压器11B	SCR13-630/10±5%/0.4 kV, D. Yn11;1 850×1 300×1 800	台	1	1
7	低压开关柜11B01	GCS-01D;800×800×2 200	台	1	1

续表

序号	项目名称	规格型号	计量单位	工程量	计算式
8	低压开关柜11B02	GCS-34B;800×800×2 200	台	1	1
9	低压开关柜11B03	GCS-7×11C+2×11B;800×800×2 200	台	1	1
10	低压开关柜11B04	GCS-7×11C+1×11B;800×800×2 200	台	1	1
11	低压开关柜11B05	GCS-5×11C+3×11B;800×800×2 200	台	1	1
12	低压开关柜11B06	GCS-3×11C+3×11B+1×11A	台	1	1
13	柴油发电机组 DY176B	160 kW(常用)/176 kW(备用); 2 727×1 050×1 813	台	1	1
14	低压开关柜1FD1	GCS-7×11C+1×11B;800×800×2 200	台	1	1
15	低压开关柜1FD2	GCS-7×11C+2×11B;800×800×2 200	台	1	1
16	游泳池应急照明箱SBALE	400×500×120;XL-10-3/40; $P_s = 5$ kW,$K_x = 1$;$\cos\phi = 0.8$;$I_{js} = 9.5$ A	台	1	1

注:专用变电所和柴油发电机房外配电箱数量较多,不在此处罗列,详见本书配套工程量汇总表。

（3）物理单位工程量计算

①桥架及其相关项工程量计算。识读1#专用变电所设备布置图,依据计算规则,分规格、材质等按设计图示尺寸以长度计算桥架工程量,测量桥架水平长度如图3.1.1所示。识读无电缆沟设备剖面图,可知高压桥架距地面3.4 m,设备安装高度为(0.3+0.05)m,如图3.1.2所示,结合设备高度可计算桥架竖向长度。

高压电缆桥架100×50:(10.06+3.96+2.33)［水平长度］+((3.40-0.35-2.20)×2+(3.40-0.35-1.80))［竖向长度］=19.30(m)。

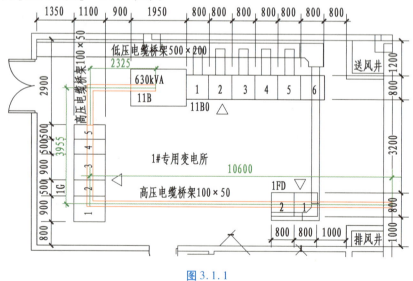

图3.1.1

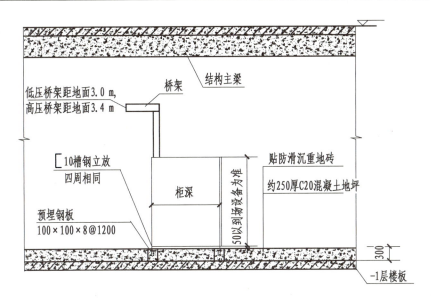

图 3.1.2

识读强电通用水平桥架吊装正示图、强电通用水平桥架吊装侧示图,水平桥架支架间距
1.5 m,吊架的吊杆和横担均使用 40×4 角钢,吊杆长度 1.2 m,横担长度为(桥架宽度+0.05×
4)m,如图 3.1.3 所示。支架工程量=单套支架型钢长度×支架套数×型钢理论质量,其中,40×
4 角钢理论质量为 2.422 kg/m,因此高压电缆桥架 100×50 吊架工程量如下:

支架套数:(10.05+1.27+1.45)[水平长度]/1.5[吊架间距]=8.51(套)≈9(套)。

40×4 角钢质量:(1.2×2+0.1+0.05×4)[单个支架型钢长度]×9[支架套数]×2.422[40×4
角钢理论质量]=58.85(kg)。

竖向桥架支架在图纸中未明确规定,根据电气施工说明中第 14 条说明:设备房及车库内,
电缆桥架(采用托盘式桥架)采用吊装或沿墙敷设,桥架安装按照国家标准图集(D701-1~2)
及 JGJ 16—2008 中 8.10.3—14 条规范要求施工。因此,查询图集及规范,竖向桥架支架按图
3.1.4 施工,每层桥架穿楼板处安装一套槽钢支架、1.5~2 m 处安装一套角钢支架,支架工程
量计算参照上述水平支架计算过程。

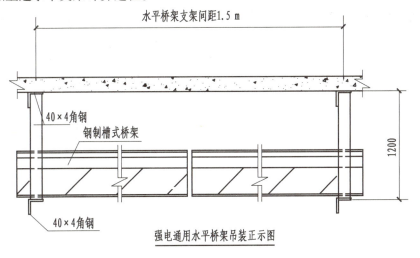

强电通用水平桥架吊装正示图

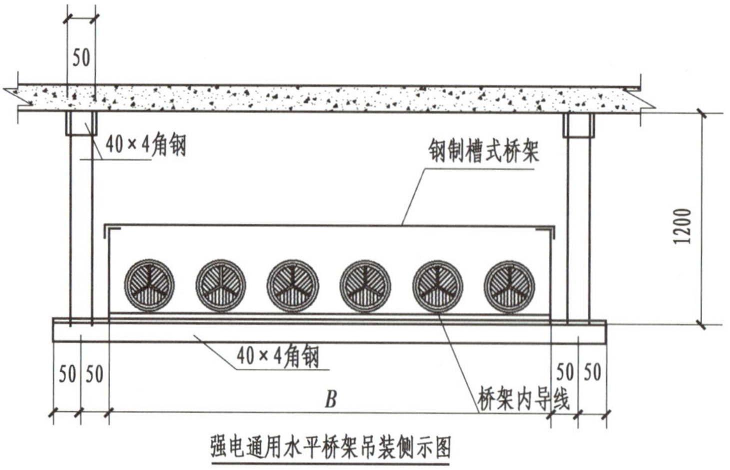
50
40×4角钢
钢制槽式桥架
1200
40×4角钢
50 50
50 50
B
桥架内导线
强电通用水平桥架吊装侧示图

图 3.1.3

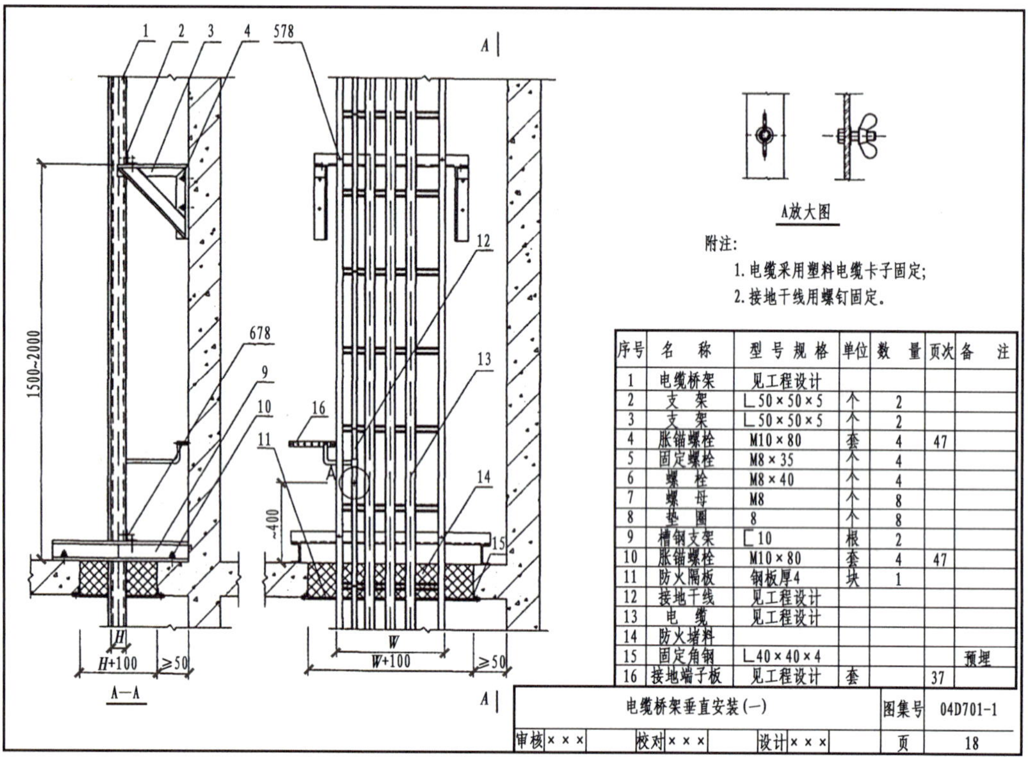
1 2 3 4 578
A
12
1500~2000
678
9
10
16
11
13
~400
14
15
H
H+100
≥50
W
W+100
≥50
A—A
A
A放大图
附注:
1. 电缆采用塑料电缆卡子固定;
2. 接地干线用螺钉固定。
序号 名 称 型 号 规 格 单位 数 量 页次 备 注
1 电缆桥架 见工程设计
2 支 架 L50×50×5 个 2
3 支 架 L50×50×5 个 2
4 胀锚螺栓 M10×80 套 4 47
5 固定螺栓 M8×35 个 4
6 螺 栓 M8×40 个 4
7 螺 母 M8 个 8
8 垫 圈 8 个 8
9 槽钢支架 [10 根 2
10 胀锚螺栓 M10×80 套 4 47
11 防火隔板 钢板厚4 块 1
12 接地干线 见工程设计
13 电 缆 见工程设计
14 防火堵料
15 固定角钢 L40×40×4 预埋
16 接地端子板 见工程设计 套 37
电缆桥架垂直安装(一)
图集号 04D701-1
审核 ××× 校对 ××× 设计 ××× 页 18

图 3.1.4

依据计算规则,本任务建筑供配电系统的桥架及相关项工程量统计结果如表 3.1.2 所示。

表 3.1.2   建筑供配电系统的桥架及相关项工程量

序号	项目名称	规格型号	计量单位	工程量	计算式	备注
1	高压电缆桥架	100×50	m	19.30	(10.06+3.96+2.33)[水平长度]+((3.4−0.35−2.2)×2+(3.4−0.35−1.8))[竖向长度]	
2	低压电缆桥架	50×50	m	213.71	((1.37×2+10.06+2.06+17.74+0.28+26.52+28.55+14.75+20.70+16.78+14.98+6.44+0.40+10.87×2+7.26+6.04+0.11+10.36)[1#专用变电所外])[水平长度]+((4.2−1.8−0.5)×3+(3.6−1.2−1.8−0.5)×5[1#专用变电所外])[竖向长度]	
3	低压电缆桥架	100×50	m	220.22	((1.14+45.19×2+10.17+2.39+10.29+1.07+1.81+1.82+0.94+13.77+16.69+0.50+4.22+7.48+2.77+9.07+2.78+2.01+7.39+1.22+2.34×2+1.13)[1#专用变电所外])[水平长度]+((4.2−1.8−0.6)+(4.2−1.8−0.5)×13[1#专用变电所外])[竖向长度]	
4	低压电缆桥架	200×100	m	37.81	((4.95+0.93+3.21+1.75+11.45+4.26+9.81)[1#专用变电所外])[水平长度]+((3.6−2−0.15)[1#专用变电所外])[竖向长度]	
5	低压电缆桥架	300×200	m	30.66	((0.899×6)[1#专用变电所内]+(1.07+0.90×5+5.66+1.53+9.81)[1#专用变电所外])[水平长度]+(((3−0.35−2.2)×6)[1#专用变电所内])[竖向长度]	
6	低压电缆桥架	500×200	m	35.32	((10.098)[1#专用变电所内]+(17.68+5.56+1.98)[1#专用变电所外])[水平长度]	
7	低压电缆桥架	400×200	m	24.70	((16.9+7.8)[1#专用变电所外])[竖向长度]	
8	吊架	40×4 角钢	kg	2266.29	((12.77/1.5×(1.2×2+0.1+0.05×4)[100×50 高压桥架吊架]+207.51/1.5×(1.2×2+0.05+0.05×4)[50×50 低压桥架吊架]+193.72/1.5×(1.2×2+0.1+0.05×4)[100×50 低压桥架吊架]+36.36÷1.5×(1.2×2+0.2+0.05×4)[200×100 桥架吊架]+27.96/1.5×(1.2×2+0.3+0.05×4)[300×200 低压桥架吊架]+35.32/1.5×(1.2×2+0.5+0.05×4)[500×200 低压桥架吊架])×2.422[理论质量])[水平桥架吊架工程量]+((0.4[桥架宽度]+0.1)×5×2.422[理论质量])[竖向桥架支架工程量]	
9	支架	[10 槽钢	kg	60.04	(0.4[桥架宽度]+0.1+0.05×2)×2×5	
10	支架	50×5 角钢	kg	26.39	((0.2/2[桥架高度一半]+0.1/2+0.05)+(0.4[桥架宽度]+0.1))×2×5	

②母线工程量计算。识读1#专用变电所10 kV电气接线图、1#专用变电所低压配电系统图,在高压柜1G1~5有母线TMY-3×(60×6)、变压器11B与低压柜11B01~06有母线TMY-4×(80×8)+1×(63×6.3)、柴油发电机组与低压柜1FD1~2有母线TMY-4×(80×6.3)+1×(63×6.3)。母线在图纸上一般不绘制,测量水平工程量时,从第一个开关柜中心到最后一个开关柜中心进行测量。因为母线安装在开关柜内部,计量时一般不考虑竖向工程量。

依据计算规则,分规格、材质等按设计图示尺寸以单相长度计算(含预留长度)母线工程量。在1#专用变电所设备布置图中测量母线水平长度,高压柜1G1~5母线水平测量情况如图3.1.5所示。

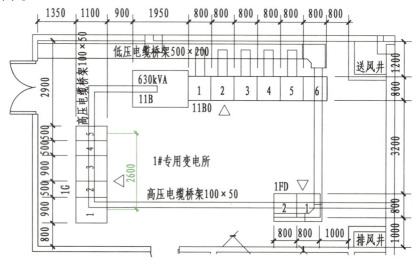

图3.1.5

TMY-60×6:(2.6[水平长度]+(0.3×2)[预留长度])×3[根数]=9.60(m)

注:硬母线预留长度详见《通用安装工程工程量计算规范》(GB 50856—2013)表D.15.7-2硬母线配置安装预留长度。

依据计算规则,本任务建筑供配电系统的母线工程量统计结果如表3.1.3所示。

表3.1.3 建筑供配电系统母线工程量

序号	项目名称	规格型号	计量单位	工程量	计算式	备注
1	铜母线	TMY-60×6	m	9.60	(2.600[水平长度]+(0.3×2)[预留长度])×3[根数]	高压柜之间
2	铜母线	TMY-80×8	m	23.90	(5.375[水平长度]+(0.3×2)[预留长度])×4[根数]	变压器与低压柜之间
3	铜母线	TMY-63×6.3	m	5.98	(5.375[水平长度]+(0.3×2)[预留长度])×1[根数]	
4	铜母线	TMY-60×6	m	20.69	(0.827+5.469)[水平长度]+(0.3×2)[预留长度])×3[根数]	柴油发电机到低压柜

续表

序号	项目名称	规格型号	计量单位	工程量	计算式	备注
5	铜母线	TMY-80×6.3	m	5.54	(0.785［水平长度］+(0.3×2)［预留长度］)×4［根数］	柴油发电机房内低压柜之间
6	铜母线	TMY-63×6.3	m	1.39	(0.785［水平长度］+(0.3×2)［预留长度］)×1［根数］	柴油发电机房内低压柜之间

③电缆及相关项工程量计算。识读1#专用变电所10 kV电气接线图、1#专用变电所设备布置图,高压柜1G5和变压器11B之间采用 YJY-8.7/10-3×95 电缆通过高压桥架传输电能。依据计算规则,分规格、材质等按设计图示尺寸以长度计算(含预留长度及附加长度)电缆长度。1#专用变电所内电缆水平长度与经过的桥架的水平长度相等,竖向长度等于竖向桥架长度,测量数据见图3.1.1。因此,高压柜1G5和变压器11B之间采用 YJY-8.7/10-3×95 电缆,工程量如下:

YJY-8.7/10-3×95:((1.27+1.45)［水平长度］+((3.4-0.35-2.2)+(3.4-0.35-1.8))［竖向长度］+(2+1.5+2+1.5)［预留长度］)×(1+0.025［松弛系数］)=12.12(m)

注:电缆预留长度详见《通用安装工程工程量计算规范》(GB 50856—2013)表 D.15.7-5 电缆敷设预留及附加长度。

电缆需计算电缆终端头,《重庆市通用安装工程计价定额　第四册　电气设备安装工程》规定:电力电缆与控制电缆均按照一根电缆有两个终端头计算。

电缆终端头 YJY-8.7/10-3×95 mm^2:1×2=2(个)

从低压开关柜出线后,经过不同回路通过电缆将电能分配、传输至各配电箱,此过程中涉及的电缆及相关项的工程量计算方法与上述相同,不再重复描述。需要强调的是双电源供电的配电箱进线电缆,需要分别计算,谨防遗漏。以游泳池应急照明箱SBALE为例,由专用变电所低压开关柜11B04的出线回路11B28及柴油发电机房低压开关柜1FD2的出线回路1FD21共同供电,需分别计算电缆及相关项工程量。

依据计算规则,本任务建筑供配电系统的电缆及相关项工程量统计结果如表3.1.4所示。

表3.1.4　建筑供配电系统的电缆及相关项工程量

序号	项目名称	规格型号	计量单位	工程量	计算式	备注
1	电缆	YJY-8.7/10-3×95	m	12.82	(3.807［水平长度］+(3.4-2.55)×2［竖向长度］+(2+1.5)×2［预留长度］)×1.025［松弛系数］	高压柜至变压器
2	电缆终端头	3×95 mm^2	个	2	2	
3	电缆	BTTYZ-750 V,4×10	m	35.56	(31.51)［水平长度］+(((4.2-1.2)-0.35-2.2)［1#专用变电所低压柜处］+((4.2-1.2)-1.8-0.5)［SBALE处］)［竖向长度］	11B04 回路

续表

序号	项目名称	规格型号	计量单位	工程量	计算式	备注
4	电缆	BTTYZ-750 V,4×10	m	39.14	(39.14)［水平长度］+(((4.2-1.2)-0.35-2.2)［柴油发电机房开关柜处］+((4.2-1.2)-1.8-0.5)［SBALE 处］)［竖向长度］	1FD2 回路
5	电缆终端头	4 mm×10 mm	个	4	2×2	

④设备支架及相关项工程量计算。识读无电缆沟设备剖面图,设备基础槽钢四周采用
[10 槽钢立式安装,所有基础槽钢应刷浅灰色防锈漆两遍防腐,基础槽钢下预埋钢板100×
100×8 mm@1 200。依据计算规则,分规格、材质等以"kg"计量,按设计图示质量计算设备支
架工程量。1#专用变电所设备布置图中测量基础槽钢水平长度,如图3.1.6所示。查询可知,
[10 槽钢理论质量为 10.007 kg/m,钢板密度为 7 850 kg/m³。

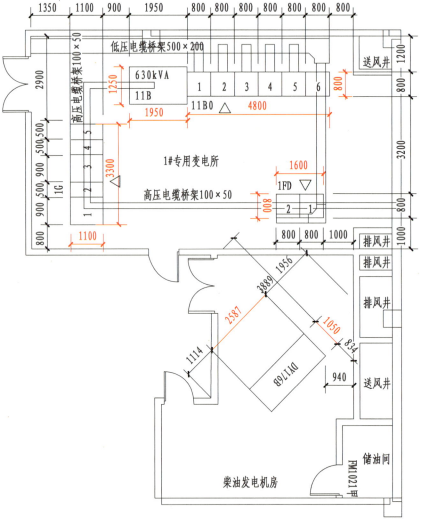

图3.1.6

[10 槽钢:长度 =(1.1×5+3.3×2)[高压柜支架]+(1.25×2+1.95×2)[高压柜支架]+(4.8×2+0.8×6)[低压开关柜支架]+(0.8×3+1.6×2)[柴油发电机房低压开关柜支架]+(2.59×2+1.05×2)[柴油发电机组支架])=45.87(m)。

质量=45.85[[10 槽钢长度]×10.007[[10 槽钢理论质量]=458.12(kg)。

预埋钢板 100×100×8:数量=45.85[[10 槽钢长度]/1.2[钢板预埋间距]≈382(块)。

质量=382[钢板数量]×(0.1×0.1×0.008)[单块钢板体积]×7 850[钢板密度]=239.90(kg)。

金属结构刷油工程量有两种计算方法:①以 m² 计量,按设计图示表面积尺寸以面积计算;②以"kg"计量,按金属结构的理论质量计算。因为,前面槽钢工程量是以"kg"计量,因此,选择第二种方式可直接使用槽钢工程量,即:金属结构刷油工程量=458.12(kg)。

依据计算规则,1#专用变电所及柴油发电机房内设备支架及相关项工程量统计结果如表 3.1.5 所示。

表 3.1.5 1#专用变电所及柴油发电机房内设备支架及相关项工程量

序号	项目名称	规格型号	计量单位	工程量	计算式	备注
1	立放槽钢支架	[10	kg	458.12	((1.1×5+3.3×2)[高压柜支架]+(1.25×2+1.95×2)[高压柜支架]+(4.8×2+0.8×6)[低压开关柜支架]+(0.8×3+1.6×2)[柴油发电机房低压开关柜支架]+(2.59×2+1.05×2)[柴油发电机组支架])[[10 槽钢长度]×10.007)[[10 槽钢理论质量]	
2	钢板	100×100×8	kg	239.90	(45.85[[10 槽钢长度/1.2[钢板预埋间距])[钢板数量]×(0.1×0.1×0.008)[单块钢板体积]×7850[钢板密度]	
3	金属结构刷油	刷浅灰色防锈漆两遍防腐	kg	458.12	458.12	槽钢刷油

其他内容计算方法类似,详细见电子计算书。

2)BIM 算量

(1)新建工程及建模准备

建筑电气工程的新建工程及建模准备方式与建筑给排水工程一致,参照任务 1.1 中新建工程及建模准备完成。

(2)计算设备工程量

CAD 图纸中高低压配电柜及变压器未绘制专门的单独的图例,所以无法使用软件自动识别快速提量。在配电箱柜模块,新建配电箱柜,填写配电柜的属性,利用点绘的方式布置配电柜识别。选择配电箱名称,单击"点"命令,在 CAD 图纸对应位置单击放置构件,如图 3.1.7 所示。变压器提量则在"电气设备"模块新建变压器,设置属性后点画绘制,如图 3.1.8 所示。

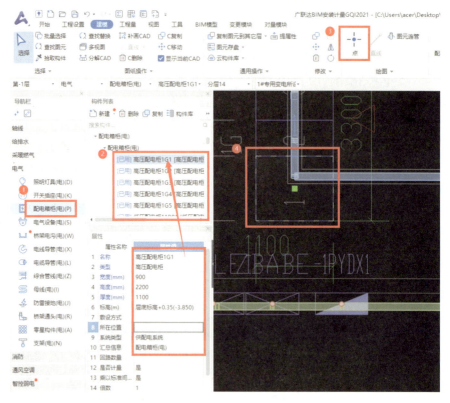

图 3.1.7

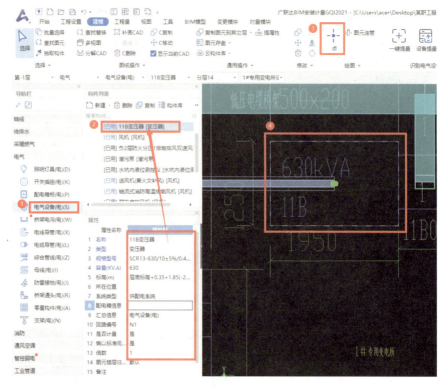

图 3.1.8

(3)母线工程量计算

导航栏切换至"母线(电)(I)"模块,在构建列表中新建母线并完善属性。选择"直线",鼠标左键分别单击母线的起点及终点即可布置母线,如图 3.1.9 所示。需要注意的是,软件中默认母线连接配电箱(柜)一般不需要计算预留,连接设备才需要计算预留。如果母线连接配电箱必须计算预留时,可在表格算量中输入母线预留,如图 3.1.10 所示。

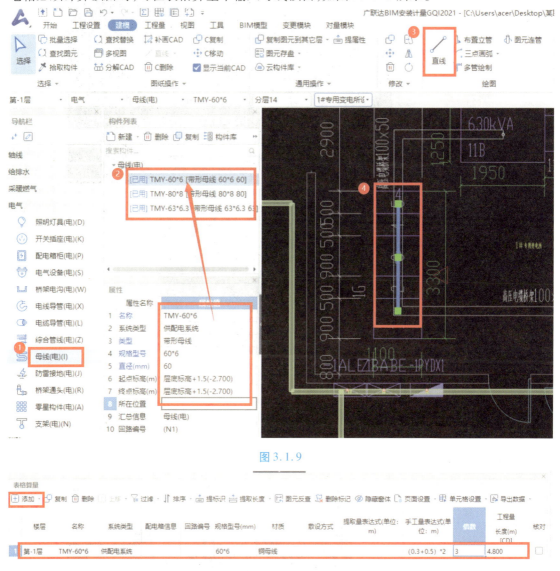

图 3.1.9

图 3.1.10

(4)计算桥架工程量

导航栏切换至"桥架(电)(W)"模块,鼠标左键单击选择"桥架系统识别",按照"识别桥架"弹窗提示分别完成以下操作:"选择桥架 CAD 线"——右键确定、"选择桥架类型"——右键确定、"选择规格标注"——右键确定,单击"自动识别",构件编辑窗口完善桥架信息后单击"生成图元",如图 3.1.11 所示。

图 3.1.11

（5）计算线缆工程量

导航栏切换至"电缆导管（电）（L）"模块，在构建列表中新建电缆并完善属性。选择"桥架配线"，鼠标左键单击选择电缆经过的桥架，右键确认后弹出"选择配线"窗口，勾选对应电缆，左键单击"确定"即可生成电缆，如图 3.1.12 所示。

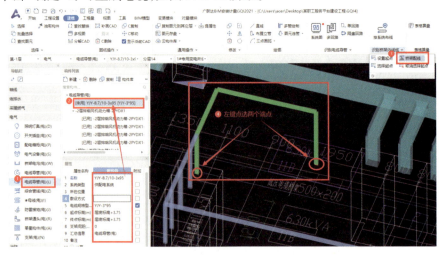

图 3.1.12

其余计量内容操作方法相同。

（6）工程量汇总及报表查看

工程量反查核验方法参见前文，本任务略。

3.1.5　任务总结

①建筑供配电系统常规算量顺序：设备、桥架及相关项、母线、电缆及相关项、设备支架等其他。

②建筑供配电系统中涉及的母线、电缆等均有附加长度，需根据规范要求严格计算。

课后任务

算量练习：请完成建筑供配电系统的手工算量和 BIM 算量练习。

任务 3.2 建筑电气照明系统

素质目标	知识目标	能力目标
（1）体会新工艺在建筑电气照明系统中起到的作用，培养创新意识； （2）通过遵循规范准确列项，培养科学严谨的职业态度和良好的工作习惯； （3）通过手工算量与 BIM 算量进行对量，体验多次完善数据的过程，培养挫折承受能力和精益求精的职业精神	（1）掌握建筑电气照明工程量手工算量与 BIM 算量的方法； （2）熟悉《通用安装工程工程量计算规范》（GB 50856—2013）附录 D 中电气设备安装工程中的项目编码、项目名称、项目特征、计量单位等内容	能够依据施工图，按照相关规范，完整编制建筑电气照明系统工程量清单并准确计算工程量

3.2.1 任务信息

本任务计算对象为"某职工服务平台建设工程项目"建筑电气照明系统图纸，包括从最后一级配电箱出线后的输电网络以及各种用电的设备。

本次任务为识读"某职工服务平台建设工程项目"电气工程图纸中"建筑电气照明系统"相关内容（包含设计说明、平面图、系统图、大样图等），依据计算规则，采用手工算量及 BIM 算量两种方式计算建筑电气照明系统工程量。

3.2.2 任务分析

利用手工算量和 BIM 算量两种方法计算建筑电气照明系统工程量。

1）手工算量

①建筑电气照明系统工程量计算，一般以配电箱为起点，分回路计算，便于数据追溯反查。

②计算建筑电气照明系统的设备工程量。如灯具、开关、插座等，因设备的安装高度及位置、设备本体高度以及回路敷设方式，共同决定了配线、配管等的长度，因此需在长度计算前进行设备工程量计算，并记录设备各项参数。

③计算配管及相关项的工程量。配管敷设根据配管材质与直径，区别敷设位置、敷设方式，按设计图示长度计算。计算长度时，不计算安装损耗量，不扣除管路中间的接线箱、接线盒、灯头盒、开关盒、插座盒、管件等所占长度。配管定额按照各专业间配合施工考虑，定额中不包括凿槽、刨沟、凿孔（洞）及恢复等费用，因此，在砌块墙上竖向敷设时，需计算凿槽工程量。

④计算配线的工程量。管内穿线根据导线材质与截面积，区别照明线与动力线，按设计图示尺寸以单线长度计算（含预留长度），需考虑配线的根数及预留长度。

⑤照明设备施工时先安装接线底盒，如开关盒、插座盒、灯头盒等。因此，需计算工程量，

属于易漏项。

2) BIM 算量

利用广联达 BIM 安装计量软件(GQI),构建建筑电气照明系统三维模型,输出工程量。

①建筑电气照明系统中涉及的设备种类较多,可通过软件"材料表"功能识别图例符号及对应名称、型号规格等信息,快速新建项目,提高效率。

②最后一级配电箱出线回路一般较多,可通过软件"系统图"功能,快速识别配电箱出线回路的回路编号、配线及配管信息、敷设方式等信息。

③设备的安装高度及位置、设备本体高度以及回路敷设方式,共同决定了配线、配管等的长度,因此需在构建配线、配管等线性模型前,需检查设备的属性的准确性。

④如果管线需测量至墙体内,需要先构建虚墙模型,再构建管线模型,虚墙工程量不计入总工程量中。

3.2.3 知识链接

了解配管配线及其施工工艺

1) 配管及配线敷设

①直接埋设敷设(DB):将电线管直接用暗埋的方式进行连接,通过暗道的方式进行敷设。

②吊顶内敷设(ACE):在人能进入的吊顶内进行敷设的电热线管。

③暗敷设在人不能进入的吊顶内(ACC):在人不能进入的吊顶内进行敷设的电热线管敷设。

④沿墙面敷设(WE):沿着墙面的电线管敷设。

⑤沿天棚面或顶棚面敷设(CE):沿着天棚面或顶棚面的电线管敷设。

⑥沿柱或跨柱敷设(CLE):沿着柱子或跨越柱子的电线管敷设。

⑦沿钢线槽敷设(SR):沿着钢线槽的电线管敷设。

⑧电缆沟敷设(TC):沿着电缆沟内的电线管敷设。

⑨暗管敷设:这种敷设方式的具体步骤包括确定设备的位置、测量敷设线路长度、配管加工、将管与盒按已确定的安装位置连接起来、将管口堵上木塞或废纸、将盒内填满木屑或废纸、检查是否有管盒遗漏或设备错误、将管盒连成整体、固定于模板上、在管与管和管与盒的连接处焊上接地线等。

2) 计算管线工程量

计算管线工程量时,在平面图中测量管线水平长度,通过设备安装高度、设备高度、管线敷设方式等计算管线竖向长度。同一回路中,配管工程量=水平长度+竖向长度,配线工程量=(水平长度+竖向长度+预留长度)×配线根数。因此,在计算一个回路的管线工程量时,可以将配管、配线工程量同时进行计算,以提高计算效率。

如何"准确"计算长度——配管配线

3.2.4 任务实施

"某职工服务平台建设工程项目"建筑照明系统包含普通照明、应急照明等,以每个末端配电箱为起点,分系统、配电箱、回路进行计算。末端配电箱较多,本任务以应急照明系统中的游泳池应急照明箱 SBALE 为例计算其出线回路相关工程量。

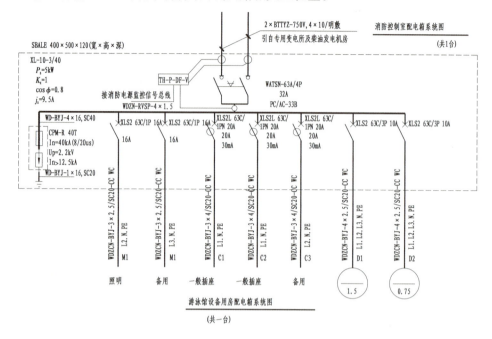

图 3.2.1

识读游泳馆设备用房配电箱系统图(图 3.2.1)可知,游泳池应急照明箱 SBALE 共有 7 个出线回路。其中,M2 和 C3 回路为备用回路,不计算;M1 回路为照明回路,采用 WDZCN-BYJ-3×2.5 电线,穿 SC20 管,沿板底或墙内暗敷至用电设备处;C1、C2 回路为插座回路,采用 WDZCN-BYJ-3×4 电线,穿 SC20 管,沿板底或墙内暗敷至用电设备处;D1、D2 回路为动力回路,采用 WDZCN-BYJ-4×2.5 电线,穿 SC20 管,沿板底或墙内暗敷至用电设备处。

1)手工算量

(1)确认比例

分别测量强电敷设平面图和照明平面图中任意一段已标注的线段长度,对比标注长度与实际测量长度是否一致,若一致,则可进行后续算量工作;若不一致,则根据识图软件比例设置方法进行调整。

(2)计算设备及相关项工程量

识读游泳馆设备用房配电箱系统图、强电敷设平面图和照明平面图,并与设备材料表中的数量进行比对,结合设备表规格信息,本任务设备有防水型应急双管荧光灯、防水型安全型带开关双联二三极暗装插座、暗装双联单控开关及对应的底盒。结合"某职工服务平台建设工程-暖通"图纸,游泳池应急照明箱 SBALE 的 D1、D2 回路用电设备为风机,此设备工程量在建筑通风空调工程中计算。

依据计算规则,本任务建筑电气照明系统的游泳池应急照明箱 SBALE 出线回路的设备工程量统计结果如表 3.2.1 所示。

表 3.2.1　游泳池应急照明箱 SBALE 出线回路的设备工程量

序号	项目名称	规格型号	计量单位	工程量	计算式	备注
1	防水型应急双管荧光灯	2×36 W 220 V；T8 三基色灯管；自带蓄电池应急时间 90 min	套	8	1×8	管吊，距地 2.6 m
2	防水型安全型带开关双联二三极暗装插座	10 A 250 V	套	5	1×5	壁装，距地 0.3 m
3	暗装双联单控开关	10 A 250 V	套	1	1	距地 1.3 m暗装
4	灯头盒	86 型 PVC 灯头盒	个	8	8	
5	插座盒	86 型 PVC 插座盒	个	5	5	
6	开关盒	86 型 PVC 开关盒	个	1	1	

注：因末端配电箱较多，其他配电箱出线工程量不在此罗列，详见本书配套工程量汇总表。

（3）计算物理单位工程量

①配管及相关项工程量计算。识读游泳馆设备用房配电箱系统图、强电敷设平面图和照明平面图，依据计算规则，分规格、材质等按设计图示尺寸以长度计算配管工程量，测量回路 M1 配管水平长度，如图 3.2.2 所示。

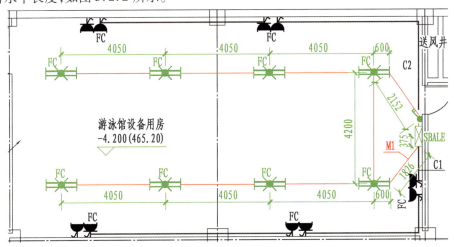

图 3.2.2

回路 M1 配管 SC20 水平长度：0.38+1.83+0.6+4.05×6+4.2+0.6+2.15＝34.06（m）。

由电气施工总说明中第五点第 1 条可知，配电箱、控制箱挂墙明装箱体高度：600 mm 以下，底边距地 1.8 m；车库内照明箱底边距地 1.8 m，明装。识读游泳馆设备用房配电箱系统图可知，游泳池应急照明箱 SBALE 尺寸为 400×500×120（宽×高×深）。回路 M1 采用 WDZCN-BYJ-3×2.5 电线，穿 SC20 管，沿板底或墙内暗敷至用电设备处。因此，配电箱处配管 SC20 竖向长度：4.2［-2 层层高］-1.8［照明箱底边距地高度］-0.5［配电箱高度］=1.9（m）。

根据主要设备材料表，暗装双联单控开关距地 1.3m 暗装。因此，开关处配管 SC20 竖向长度：4.2［-2 层层高］-1.3［开关距地高度］=2.9（m）。

根据主要设备材料表,防水型应急双管荧光灯采用管吊,距地 2.6 m,暗装。因为配管连接至灯头盒处,灯头盒暗敷在板内,所以灯具处无须计算竖向长度。

因此,回路 M1 配管长度工程量如下:

回路 M1 配管 SC20 长度:34.06[水平长度]+1.9[配电箱处竖向长度]+2.9[开关处竖向长度]=38.85(m)。

配电箱处及开关处竖向配管暗敷在墙体内,需要凿槽,按设计图示尺寸以长度计算,回路M1 凿槽工程量如下:

回路 M1 凿槽工程量:(4.2[−2 层层高]−1.3[开关距地高度])[开关处凿槽长度]+(4.2[−2 层层高]−1.8[照明箱底边距地高度]−0.5[配电箱高度])[配电箱处凿槽长度]=4.8(m)。

依据计算规则,本任务建筑电气照明系统的游泳池应急照明箱 SBALE 出线回路的配管工程量统计结果如表 3.2.2 所示。

表 3.2.2　游泳池应急照明箱 SBALE 出线回路的配管工程量

序号	项目名称	规格型号	计量单位	工程量	计算式	备注
M1 回路						
1	配管	SC20	m	38.86	(0.38+1.83+0.6+4.05×6+4.2+0.6+2.15)[水平长度]+(4.2−1.3)[开关处竖向]+(4.2−1.8−0.5)[配电箱处竖向]	
2	凿槽	—	m	4.8	(4.2−1.3)[开关处竖向]+(4.2−1.8−0.5)[配电箱处竖向]	同一插座处竖向管道可并排敷设在一个槽内
C1 回路						
1	配管	SC20	m	33.07	(3.66+13.01)[水平长度]+(4.2−1.8−0.5)[配电箱处竖向]+(4.2−1.3)×5[插座处竖向]	
2	凿槽	—	m	10.6	(4.2−1.8−0.5)[配电箱处竖向]+(4.2−1.3)×3[插座处竖向]	同一插座处竖向管道可并排敷设在一个槽内
C2 回路						
1	配管	SC20	m	27.58	(4.33+12.65)[水平长度]+(4.2−1.3)[开关处竖向]+(4.2−1,8−0.5)[配电箱处竖向]	
2	凿槽	—	m	7.7	(4.2−1.8−0.5)[配电箱处竖向]+(4.2−1.3)×2[插座处竖向]	同一插座处竖向管道可并排敷设在一个槽内

续表

序号	项目名称	规格型号	计量单位	工程量	计算式	备注
D1 回路						
1	配管	SC20	m	18.02	(15.1)[水平长度]+(4.2−1.8−0.5)[配电箱处竖向]+1.02[风机处竖向]	
2	凿槽	—	m	2.92	(4.2−1.8−0.5)[配电箱处竖向]+1.02[风机处竖向]	
D2 回路						
1	配管	SC20	m	8.24	(5.32)[水平长度]+(4.2−1.8−0.5)[配电箱处竖向]+1.02[风机处竖向]	
2	凿槽	—	m	2.92	(4.2−1.8−0.5)[配电箱处竖向]+1.02[风机处竖向]	

注:其他配电箱出线工程量不在此处罗列,详见本书配套工程量汇总表。

②电线工程量计算。当配线仅走管敷设时,配线工程量=(水平长度+竖向长度+预留长度)×配线根数,其中,水平长度与竖向长度之和为配管工程量。因此,配线工程量可以在配管工程量基础上计算。回路 M1 配线规格型号为:WDZCN-BYJ-2.5,未标注处配线根数可按系统图确定为 3 根,开关处配线根数需根据开关判断:单联开关处为 2 根、双联开关处为 3 根,以此类推。在配电箱处预留长度为箱体宽+高,回路 M1 配线工程量计算如下:

WDZCN-BYJ-2.5:((0.38+1.83+0.6+4.05×6+4.2+0.6+2.15)[水平长度]+(4.2−1.3)[开关处竖向]+(4.2−1.8−0.5)[配电箱处竖向]+(0.4+0.5)[配电箱处预留长度])×3[电线根数]=119.28(m)。

注:电线预留长度详见《通用安装工程工程量计算规范》(GB 50856—2013)"表 D.15.7-3 盘、箱、柜的外部进出线预留长度"。

依据计算规则,本任务建筑电气照明系统的游泳池应急照明箱 SBALE 出线回路的配线工程量统计结果如表 3.2.3 所示。

表 3.2.3 游泳池应急照明箱 SBALE 出线回路的配线工程量

序号	项目名称	规格型号	计量单位	工程量	计算式	备注
M1 回路						
1	配线	管内穿线,WDZCN-BYJ-2.5	m	119.28	((0.38+1.83+0.6+4.05×6+4.2+0.6+2.15)[水平长度]+(4.2−1.3)[开关处竖向]+(4.2−1.8−0.5)[配电箱处竖向]+(0.4+0.5)[配电箱处预留长度])×3[电线根数]	
C1 回路						
1	配线	管内穿线,WDZCN-BYJ-4	m	101.91	((3.66+13.01)[水平长度]+(4.2−1.8−0.5)[配电箱处竖向]+(4.2−1.3)×5[插座处竖向]+(0.4+0.5)[预留长度])×3[根数]	

续表

序号	项目名称	规格型号	计量单位	工程量	计算式	备注
C2 回路						
1	配线	管内穿线，WDZCN-BYJ-4	m	84.51	$((4.33+12.65)$[水平长度]$+(4.2-1.8-0.5)$[配电箱处竖向]$+(4.2-1.3)\times3$[插座处竖向]$+(0.4+0.5)$[预留长度]$)\times3$[根数]	
D1 回路						
1	配线	管内穿线，WDZCN-BYJ-2.5	m	75.68	$((15.1)$[水平长度]$+(4.2-1.8-0.5)$[配电箱处竖向]$+1.02$[风机处竖向]$+(0.4+0.5)$[预留长度]$)\times4$[根数]	
D2 回路						
1	配线	管内穿线，WDZCN-BYJ-2.5	m	36.56	$((5.32)$[水平长度]$+(4.2-1.8-0.5)$[配电箱处竖向]$+1.02$[风机处竖向]$+(0.4+0.5)$[预留长度]$)\times4$[根数]	

注：其他配电箱出线工程量不在此处罗列，详见本书配套工程量汇总表。

其他内容计算方法类似，详细见电子计算书。

2）BIM 算量

（1）新建工程及建模准备

已在任务 3.1 完成此项操作。

（2）计算设备工程量

识别"材料表"实现批量列项，单击"材料表"命令，左键拉框选择需识别的材料表的范围，右键确认，核对识别的内容是否与图纸一致，进行修改完善后单击"确定"，如图 3.2.3 所示。

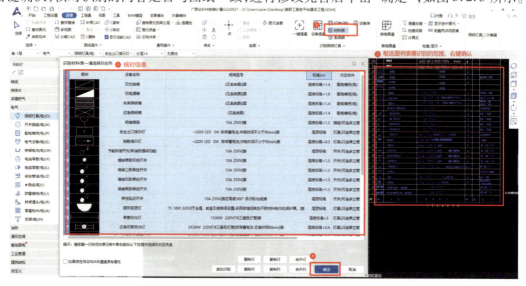

图 3.2.3

　　识别 CAD 图纸图元快速提量,单击"设备提量",用鼠标左键点选设备 CAD 图元,右键确认则弹出"选择要识别成的构件"窗口,选择图元对应的构件名称,检查属性是否正确,无误后单击"选择楼层",勾选需要提量的楼层,"确定"后再单击"确认"即可,如图 3.2.4 所示。其他灯具、开关及插座等设备重复以上操作完成提量。

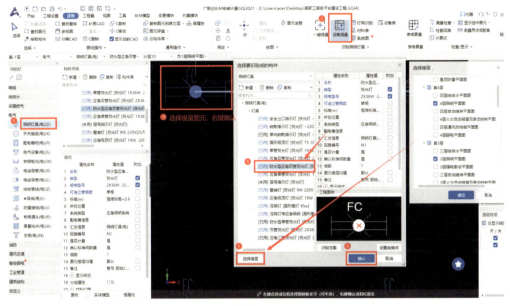

图 3.2.4

　　照明灯具、开关及插座除本身的工程量外,还需要计算配套的灯头盒、开关盒及插座盒。导航栏切换至"零星构件(电)(A)"模块,单击"构件列表"窗口"新建"命令,新建接线盒并修改其对应属性,如图 3.2.5 所示。以灯头盒为例,操作如下:单击"生成接线盒"命令,在"选择构件"窗口选择"灯头盒",单击"确定",如图 3.2.6 所示。勾选各楼层所有的照明灯具,单击"确定"后软件自动生成灯头盒并提示生成的灯头盒数量,如图 3.2.7 所示。

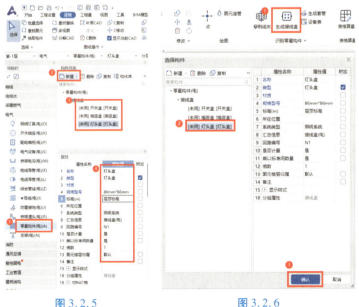

图 3.2.5　　　　　　　　　　　　　　图 3.2.6

（3）计算配电箱工程量

导航栏切换至"配电箱柜（电）（P）"模块，单击"系统图"命令，通过识别系统图自动识别配电箱。单击"系统图"窗口中的"读系统图"命令，左键在绘图页面拉框选择系统图，右键确认后在"系统图"窗口中显示配电箱及其出线回路信息，检查并修改配电箱及其出线回路信息，重复以上操作完成所有配电箱识别后左键单击"确定"即可，如图3.2.8所示。

图 3.2.7

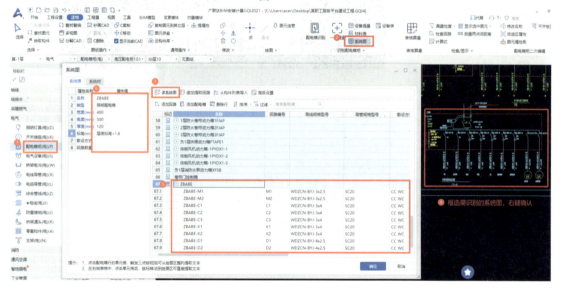

图 3.2.8

将图纸切换至配电箱所在位置，选择"配电箱识别"功能，左键单击选择要识别的配电箱图例及配电箱标识，右键单击确定后勾选楼层，再单击"确定"即可，如图3.2.9所示。弹窗中显示的未识别配电箱可以单击"定位检查"查看未识别原因及配电箱所在位置，如图3.2.10所示。

3）识别墙

因为竖向管线暗敷设在墙内，所以在计算管线前需要先识别墙体。导航栏切换至"墙（Q）"模块，单击"自动识别"命令，选择对应楼层后单击"确定"即可，如图3.2.11所示。识别后的墙体三维如图3.2.12所示。注意：要将墙体类型修改为"砌块墙"，否则会影响软件自动生成剔槽的工程量。

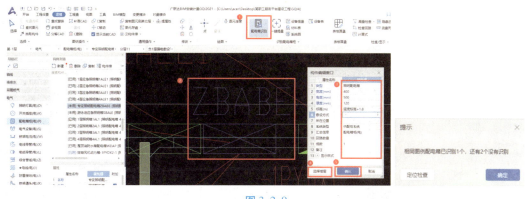

图 3.2.9

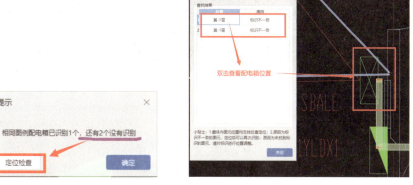

图 3.2.10

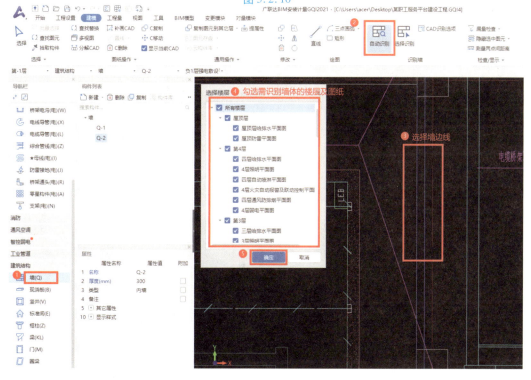

图 3.2.11

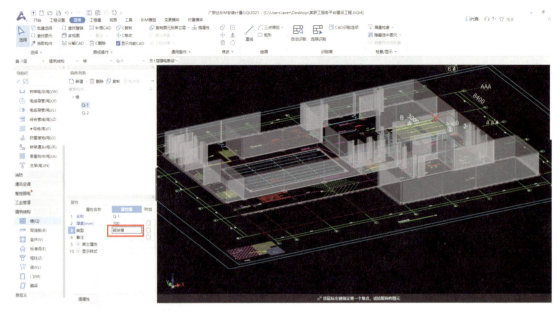

图 3.2.12

4)计算管线工程量

导航栏切换至"电线导管(电)(X)"模块,之前识别系统图时已经完成列项,如图 3.2.13 所示,检查属性是否与图纸信息一致。

图 3.2.13

管线工程量计算方法有多种,如下:

方法一:"单回路"功能识别管线。

单击"单回路"功能,左键选择回路 CAD 线和回路标识(可不选),若回路连通时,软件会自动设置好起点,若起点位置不对,可以手动选择起点位置;若是跨层,可以在提示窗口中切换楼层,然后选中设置起点的位置,最后单击鼠标右键确认,如图 3.2.14 所示。

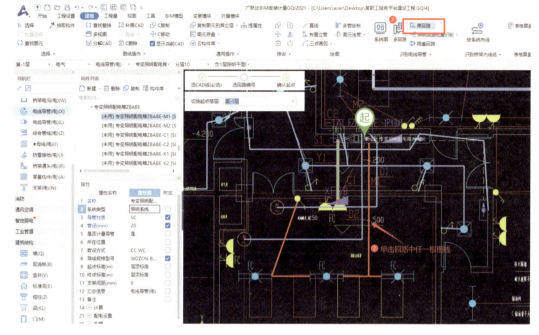

图 3.2.14

在窗口中单击"构件名称",在窗口中选择要识别成的构件,在右下角设置灯具立管材质,单击"确认"后单击"确定"即可,如图 3.2.15 所示,识别结果如图 3.2.16 所示。

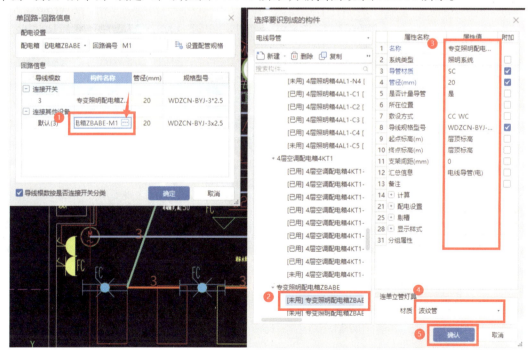

图 3.2.15

图 3.2.16

方法二:"多回路"功能识别管线。

单击"多回路"功能,左键选择一个回路 CAD 线和标注(可以不选),单击鼠标右键,再用左键选择另一条回路 CAD 线和标注,再单击鼠标右键。以此类推,将该配电箱下的所有回路都提取完成,然后单击鼠标右键,弹出窗口。

在"回路信息"窗口中双击"构件名称"单元格,单击"…",添加要识别成的构件,单击"确认",添加所有的构件名称,不能有空白单元格。回路中没有根数时,单击确定;回路中有根数时,单击左下角的"配管规格"。在窗口中设置根数对应的管径,单击确定,然后再单击确定即可,如图 3.2.17 所示,识别结果如图 3.2.18 所示。

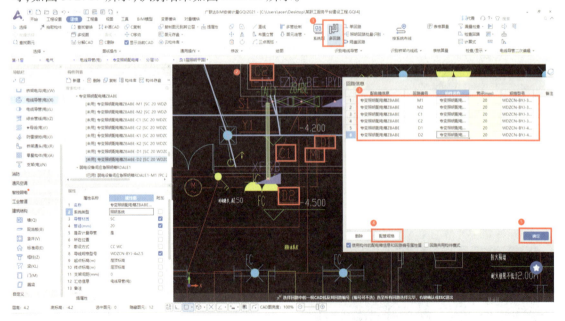

图 3.2.17

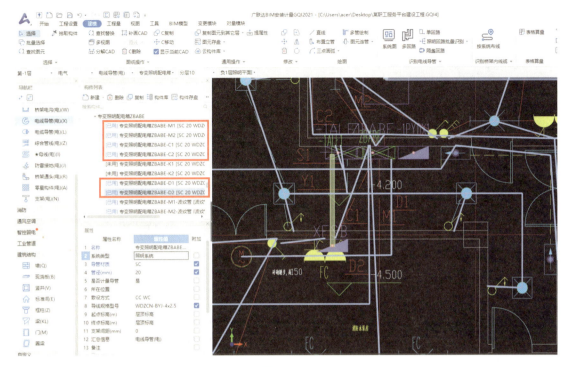

图 3.2.18

其余计量内容操作方法相同。

5）工程量汇总及报表查看

工程量反查核验方法参见前文,本任务略。

3.2.5　任务总结

①建筑电气照明系统设备种类及数量较多,手动算量速度慢,漏算后不容易发现;软件计算速度快,且有漏量检查功能可以检查是否漏算,确保工程量计算准确。

②手动计算线性工程量时,需要在脑海中形成三维的设备及管线走向,才能准确计算工程量,尤其是配电箱、开关、插座处的竖向管线还要根据线路敷设方式进行判断,容易出错,需要造价人员仔细读图、细心算量、认真反查,保证算量结果准确。软件计算线性工程量时,软件可以根据提前设置的设备安装高度及线路敷设方式,按照图纸 CAD 线路生成三维模型,便于造价人员观察管线敷设情况,且反查工程量操作更简单。

③手动算量有利于初学者熟悉计算规范、掌握计算规则,提升自身知识能力水平。进行 BIM 算量时,因为大部分计算规则软件已经自动设置,不利于初学者了解建筑电气照明系统设备、管线等的计算原理。

课后任务

算量练习:请完成建筑电气照明系统的手工算量和 BIM 算量练习。

任务 3.3　建筑防雷接地系统

素质目标	知识目标	能力目标
（1）体会新工艺在建筑防雷接地系统中起到的作用，引导创新意识； （2）通过遵循规范准确列项，培养科学严谨的职业态度和良好的工作习惯； （3）通过手工算量与BIM算量进行对量，体验多次完善数据的过程，培养挫折承受能力和精益求精的职业精神	（1）掌握建筑防雷接地系统工程量手工算量与BIM算量方法； （2）熟悉《通用安装工程工程量计算规范》（GB 50856—2013）附录D中电气设备安装工程中的项目编码、项目名称、项目特征、计量单位的内容	能够依据施工图，按照相关规范，完整编制建筑防雷接地系统工程量清单并准确计算工程量

3.3.1　任务信息

本任务计算对象为"某职工服务平台建设工程项目"建筑防雷接地系统图纸，主要包括接闪器、引下线、接地体三大部分。

本次任务为识读"某职工服务平台建设工程项目"电气工程图纸中"建筑防雷接地系统"相关内容（包含设计说明、平面图、系统图、大样图等），依据计算规则，采用手工算量及BIM算量两种方式计算建筑防雷接地系统工程量。

3.3.2　任务分析

利用手工算量和BIM算量两种方法计算建筑防雷接地系统工程量。

1）手工算量

①计算建筑防雷接地系统的设备工程量。如局部等电位箱、测量盒等，按设计图示数量计算。

②计算接地母线、避雷引下线、均压环和避雷网工程量，根据材质与规格，按设计图示尺寸以长度计算（含附加长度）。因为屋顶存在高差，高差变化处需敷设竖向避雷网，此处属于易漏内容。

③利用地梁钢筋作接地体时，无须额外计算其工程量。

2）BIM算量

利用广联达BIM安装计量软件（GQI），构建建筑防雷接地系统三维模型，输出工程量。

①建筑防雷接地系统中接闪器建模时，屋顶高差变化处会根据水平敷设的避雷网的高度自动生成竖向避雷网，因此，需准确设置水平避雷网属性。

②计算类似柱主筋与圈梁钢筋焊接点这类无法建模的工程量时，可通过表格输入方式添加工程量。

3.3.3　知识链接

①避雷网工程量计算。根据材质与规格,按设计图示尺寸以长度计算(含附加长度),避雷网安装沿折板支架敷设定额,沿墙明敷设定额包括支架制作安装,不另行计算。

②柱子主筋与圈梁钢筋焊接按设计要求以"处"计算,每处按两根主筋与两根圈梁钢筋分别焊接连接考虑。

防雷接地系统的组成与施工工艺

3.3.4　**任务实施**

"某职工服务平台建设工程项目"中防雷接地系统可分为两部分:建筑外部保护建筑本身安全的防雷接地系统、1#专用变电所内设备的接地系统。

建筑外部在屋面沿女儿墙、屋面及屋面构架等部位设置环状避雷带,利用剪力墙内钢筋作引下线,利用基础内钢筋兼作接地体,沿建筑物四周设均压环。电井和电梯井道内竖向敷设的接地扁钢,并与防雷装置连接,以保护建筑及内部设备、人员等的安全。

防雷接地系统施工图识读方法

1#专用变电所内采用50×5镀锌扁钢将各设备外壳形成闭合电气通路,保护电气设备。

1)手工算量

(1)比例确认

分别测量1#专用变电所设备接地布置图、屋顶防雷平面图和基础接地平面布置图中任意一段已标注的线段长度,对比标注长度与实际测量长度是否一致。若一致,则可进行后续算量工作;若不一致,根据识图软件比例设置方法进行调整。

(2)计算设备及相关项工程量

识读电气施工总说明、屋顶防雷平面图和基础接地平面布置图,并与设备材料表中的数量进行比对,结合设备表规格信息,本任务设备有局部等电位连接盒、测量盒和接地板。

依据计算规则,本任务建筑防雷接地系统的设备工程量统计结果如表3.3.1所示。

表 3.3.1　**建筑防雷接地系统的设备工程量**

序号	项目名称	规格型号	计量单位	工程量	计算式	备注
1	局部等电位箱	160×75×45	套	12	5[－1层]+5[1层]+1[2层]+1[3层]	
2	测量盒	—	台	8	8	
3	接地板	—	块	4	4	

(3)物理单位工程量计算

①避雷带工程量计算。识读屋顶防雷平面图,屋面沿女儿墙、屋面及屋面构架等部位设置环状避雷带,避雷带采用φ12 mm镀锌圆钢明敷,屋面采用25×4镀锌扁钢暗敷,保护层厚15 mm。避雷带网格不应大于10 m×10 m或12 m×8 m,凡高于屋面的建(构)筑物及金属部件均应与避雷带可靠焊接。依据计算规则,分规格、材质等按设计图示尺寸以长度计算避雷带工程量。

测量镀锌圆钢φ12及扁钢25×4的水平长度如图3.3.1所示(屋顶防雷平面图附录4)。

坡屋面处的避雷带可利用勾股定理计算,如图中蓝色方框处,斜避雷带顶端高度为 $(17.4-17.2)/2=17.3(m)$,底部高度为 15.4 m,则高差为 $17.3-15.4=1.90(m)$,水平长度为 2.396 m,则斜避雷带长度为 $\sqrt{1.90^2+2.396^2}\approx3.06(m)$,其他坡屋面处避雷带长度参照此方法计算。屋顶避雷带水平工程量计算如下:

镀锌圆钢 $\phi12$:$((9.06\times2+12.83+7.055\times2+8.88+0.46+0.67+2.57)$[1 层屋顶]$+(9.17+24.63+6.5+19.26+32.31+26.97+16.48+11.17+6.92+4.27+1.20+6.9+7.2+6.20+0.77\times5+0.92+3.29\times5+3.27)$[3 层屋顶]$+(17.59\times2+37.20\times2+12.79\times2+32.43\times2+0.91\times2+1.04\times2+0.49+0.6+0.7\times4+3.05\times2+3.06\times6)$[4 层屋顶]$)\times(1+3.9\%$[附加长度]$)\approx512.83(m)$。

扁钢 25×4:$((6.60+6.17+13.00+13.27)$[3 层屋顶]$+(0.81+30.82+12.79\times3)$[4 层屋顶]$)\times(1+3.9\%$[附加长度]$)\approx113.29(m)$。

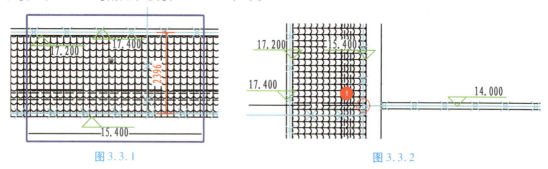

图 3.3.1   图 3.3.2

注:接地母线、引下线及避雷网的附加长度详见《通用安装工程工程量计算规范》(GB 50856—2013)"表 D.15.7-6 接地母线、引下线、避雷网附加长度"。

当屋顶高差变化时,需要沿墙面布置竖向避雷网,屋顶有高差变化点,如图 3.3.2 所示(屋顶高差变化点详图见附录 5),以第①处为例,竖向避雷网长度为 $15.4-14=1.4(m)$,其他竖向避雷网长度参照此方法计算。屋顶避雷带竖向工程量计算如下:

镀锌圆钢 $\phi12$:$((15.4-14)\times2)\times(1+3.9\%$[附加长度]$)\approx2.91(m)$。

扁钢 25×4:$((17.4-16.9)\times8+(14.6-12.6)\times4+(14-12.6)\times3)\times(1+3.9\%$[附加长度]$)\approx16.83(m)$。

依据计算规则,本任务建筑防雷接地系统的避雷网工程量统计结果如表 3.3.2 所示。

表 3.3.2   建筑防雷接地系统的避雷网工程量

序号	项目名称	规格型号	计量单位	工程量	计算式	备注
1	避雷网	镀锌圆钢 $\phi12$	m	551.74	$(((9.06\times2+12.83+7.055\times2+8.88+0.46+0.67+2.57)$[1 层屋顶]$+(9.17+24.63+6.5+19.26+32.31+26.97+16.48+11.17+6.92+4.27+1.20+6.9+7.2+6.20+0.77\times5+0.92+3.29\times5+3.27)$[3 层屋顶]$+(17.59\times2+37.20\times2+12.79\times2+32.43\times2+0.91\times2+1.04\times2+0.49+0.6+0.7\times4+3.05\times2+3.06\times6)$[4 层屋顶]$)$[水平长度]$+(15.4-14)\times2$[竖向长度]$)\times(1+3.9\%)$[附加长度]	高差处考虑沿墙布置竖向避雷网

续表

序号	项目名称	规格型号	计量单位	工程量	计算式	备注
2	避雷带连接线	━25×4	m	133.12	(((6.60+6.17+13.00+13.27)[3层屋顶]+(0.81+30.82+12.79×3)[4层屋顶])[水平长度]+((17.4-16.9)×8+(14.6-12.6)×4+(14-12.6)×3)[竖向长度])×(1+3.9%)[附加长度]	高差处考虑沿墙布置竖向避雷网连接线

②引下线工程量计算。计算引下线工程量时按照以下原则考虑:设计焊接两根主筋的,计算1个工程量;设计焊接3根主筋的,计算1.5个工程量;设计焊接4根主筋的,计算2个工程量。以此类推,不以钢筋的直径为准。识读屋顶防雷平面图,利用图示剪力墙内钢筋作引下线,自下而上地连续焊接,凡被利用作引流装置的钢筋,每处墙不少于两根,主钢筋($\phi16$ mm)为两根,主钢筋($\phi10 \sim 14$ mm)为4根。通过结合结构图纸可知,本项目结构柱纵筋规格均大于$\phi16$,因此焊接两根主筋,则计算1个工程量,如图3.3.3所示。引下线工程量计算如下:

引下线:((8.1+4.2)×2[①/Ⓔ轴、③/Ⓔ轴]+(8.1+12.6)×6[⑤/Ⓔ轴、⑥/Ⓔ轴、⑧/Ⓔ轴、⑧/Ⓒ轴、⑥/Ⓐ轴、⑧/Ⓐ轴]+(8.1+16.9)×5[①/Ⓓ轴、④/Ⓓ轴、①/Ⓑ轴、④/Ⓑ轴、⑥/Ⓑ轴])×(1+3.9%[附加长度])=284.48(m)。

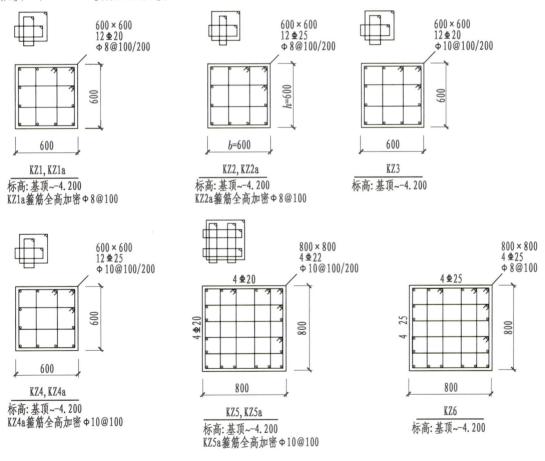

图3.3.3

依据计算规则,本任务建筑防雷接地系统的引下线工程量统计结果如表 3.3.3 所示。

表 3.3.3 建筑防雷接地系统的引下线工程量

序号	项目名称	规格型号	计量单位	工程量	计算式	备注
1	引下线	利用柱主筋	m	284.48	$((8.1+4.2)\times2$[①/Ⓔ轴、③/Ⓔ轴]$+(8.1+12.6)\times6$[⑤/Ⓔ轴、⑥/Ⓔ轴、⑧/Ⓔ轴、⑧/Ⓒ轴、⑥/Ⓐ轴、⑧/Ⓐ轴]$+(8.1+16.9)\times5$[①/Ⓓ轴、④/Ⓓ轴、①/Ⓑ轴、④/Ⓑ轴、⑥/Ⓑ轴]$)\times(1+3.9\%$[附加长度]$)$	

③接地装置及相关项工程量计算。识读屋顶防雷平面图和基础接地平面布置图,利用基础内钢筋兼作接地体。若各独立基础,墙下条形基础,筒体板式基础之间未连通的,需采用镀锌扁钢 50×5 将上述各部分连通形成闭合电气通路。人工接地装置埋深不小于 0.5 m。接地装置水平测量长度见附录 6。电梯井道内竖向敷设的接地扁钢 50×5 在 1 层、顶层及每相隔三层处需与电梯轨道连接并与防雷装置连接。电井内竖向敷设的接地扁钢 50×5(或 80×8) 在 1 层、顶层及每相隔 12 m(30 m 以下) 或每相隔 6 m(30 m 以上) 处需与防雷装置连接,如图 3.3.4 所示。接地扁钢 50×5 与柱子内主钢筋可靠连接,如图 3.3.5 所示。

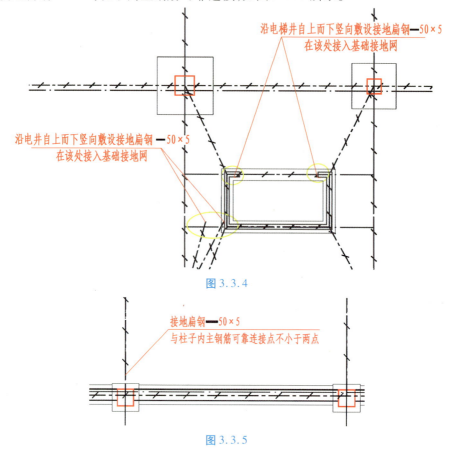

图 3.3.4

图 3.3.5

基础层接地装置工程量计算如下：

接地体（利用圈梁钢筋）：(50.98+19.29×2+3.36+52.24+23.42+24.83+30.86×2+24.83+7.89×2)×(1+3.9%［附加长度］)≈307.27(m)。

接地扁钢50×5：((31.26×2+47.52+6.03+30.86×4+7.98+3.22+3.52+3.68+3.89+4.17+4.12+2.2×2+4.4×2+0.12×2)［水平工程量］+(16.9×4)［电井、电梯井内竖向工程量］)×(1+3.9%［附加长度］)≈364.82(m)。

柱主筋与圈梁钢筋焊接：32处。

依据计算规则，本任务建筑防雷接地系统的接地装置工程量统计结果如表3.3.4所示。

表3.3.4 建筑防雷接地系统的接地装置工程量

序号	项目名称	规格型号	计量单位	工程量	计算式	备注
1	接地体	利用圈梁钢筋	m	307.27	(50.98+19.29×2+3.36+52.24+23.42+24.83+30.86×2+24.83+7.89×2)×(1+3.9%［附加长度］)	
2	接地扁钢	▬50×5	m	364.82	((31.26×2+47.52+6.03+30.86×4+7.98+3.22+3.52+3.68+3.89+4.17+4.12+2.2×2+4.4×2+0.12×2)［水平工程量］+(16.9×4)［电井、电梯井内竖向工程量］)×(1+3.9%［附加长度］)	基础层工程量
3	柱主筋与圈梁钢筋焊接	—	处	32	32	

④均压环工程量计算。识读屋顶防雷平面图和基础接地平面布置图，30 m 高度以下每隔6 m沿建筑物四周设水平避雷带作为均压环，30 m 高度及以上每层沿建筑物四周设水平避雷带作为均压环（均利用圈梁内主钢筋连成环）并与引下线连接。从±0.000开始，每隔6 m利用圈梁主筋设均压环，1、2层层高为4.2 m，3层层高为4.5 m，4层层高为4 m，若保证建筑安全，那么每层均需设置均压环。均压环长度测量建筑最外圈梁得到，2层均压环长度测量如图3.3.6所示，其他楼层用相同方法测量即可。

均压环工程量计算如下：

均压环（利用圈梁钢筋）：((24.6+36+6.15+14.95+30.68+23.25+8.54+15.98+8.52+11.7)［2层］(16.2+36+6.15+14.95+30.75+23.25+8.4+27.75)×2［3、4层］+(16.2+36+16.2+35.97)［屋顶层］)×(1+3.9%［附加长度］)≈635.49(m)。

依据计算规则，本任务建筑防雷接地系统的均压环工程量统计结果如表3.3.5所示。

表3.3.5 建筑防雷接地系统的均压环工程量

序号	项目名称	规格型号	计量单位	工程量	计算式	备注
1	均压环	利用圈梁钢筋	m	635.49	((24.6+36+6.15+14.95+30.68+23.25+8.54+15.98+8.52+11.7)［2层］(16.2+36+6.15+14.95+30.75+23.25+8.4+27.75)×2［3、4层］+(16.2+36+16.2+35.97)［屋顶层］)×(1+3.9%［附加长度］)	

其他内容计算方法类似，详细见电子计算书。

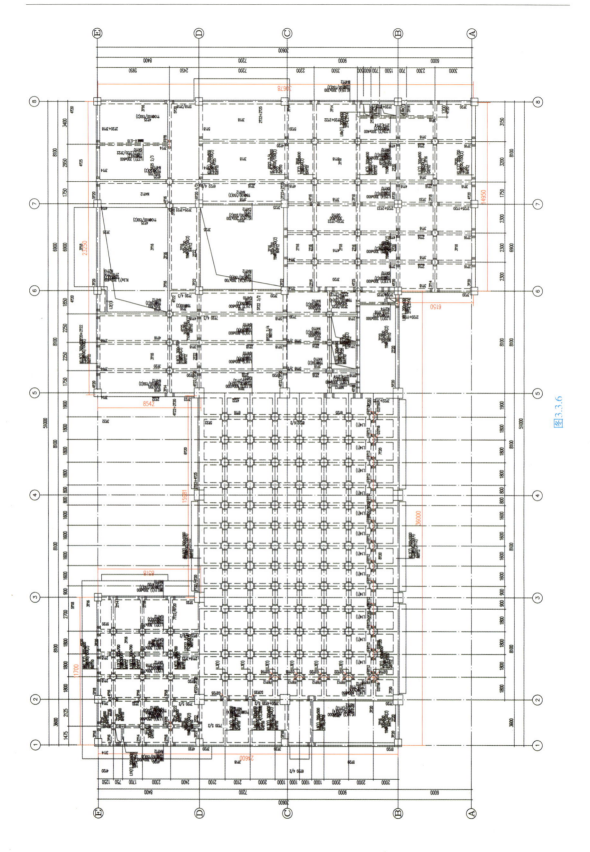

图3.3.6

2）BIM 算量

（1）新建工程及建模准备

已在任务 3.1 完成此项操作。

（2）计算接闪器工程量

导航栏切换至"防雷接地（电）（J）"模块，在构件列表中"新建避雷网"并设置属性，如图 3.3.7 所示。选择"回路识别"命令，左键单击选择避雷带 CAD 线，右键确认后在"选择构件"窗口中选择对应构件，检查属性无误后单击"确认"即可自动布置避雷带，如图 3.3.8、图 3.3.9 所示。

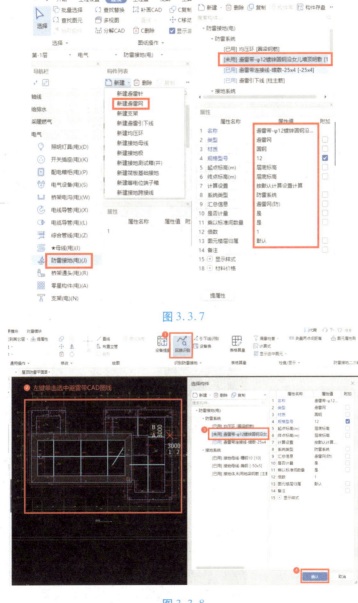

图 3.3.7

图 3.3.8

图 3.3.9

本项目中有标高为 4.2 m,12.6 m,16.9 m 的 3 个屋面,均布置避雷带,软件自动布置的避雷带无法判断高度,识别出的避雷带处于同一平面,如图 3.3.10 所示,需进行后续处理。选择需要调整的避雷带线,修改属性中的"起点标高"和"终点标高"即可,如图 3.3.11 所示。

图 3.3.10

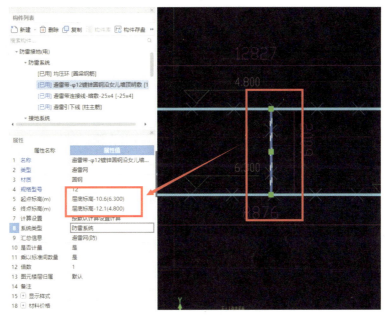

图 3.3.11

（3）计算接地装置工程量

在"防雷接地（电）（J）"模块构件列表中"新建接地母线"并设置属性，如图 3.3.12 所示。选择"回路识别"命令，左键单击选择接地母线 CAD 线，右键确认后在"选择构件"窗口中选择对应构件，检查属性无误后单击"确认"即可自动布置接地母线，如图 3.3.13 所示。电井及电梯井内接地母线通过"布置立管"建模：选择"布置立管"命令，设置立管底标高和顶标高，左键单击布置即可，如图 3.3.14 所示。

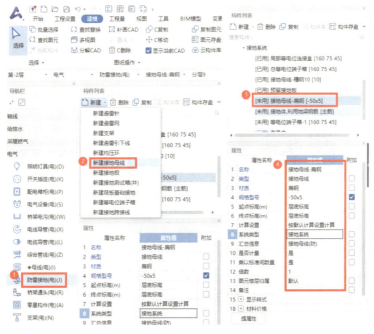

图 3.3.12

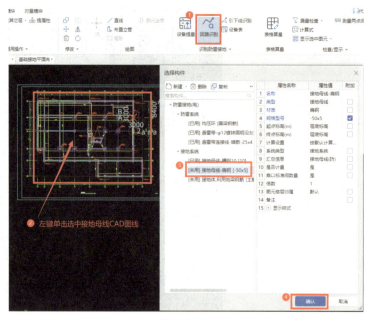

图 3.3.13

(4)计算设备工程量

以局部等电位箱为例,新建等电位端子箱并设置属性,如图 3.3.15 所示。选择"设备提量"命令,左键单击选择局部等电位箱图例,右键确认后在"选择要识别成的构件"窗口中选择对应构件并检查属性是否无误,单击"选择楼层",勾选需要识别的所有楼层,单击"确定"后再单击"确认"即可,如图 3.3.16 所示。

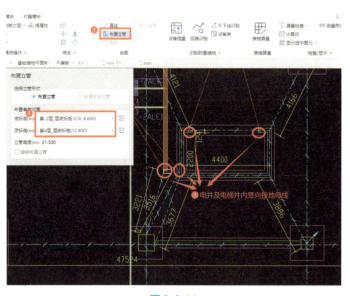

图 3.3.14

图 3.3.15

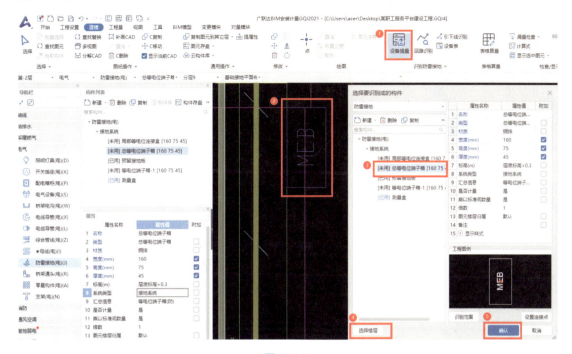

图 3.3.16

其余设备工程量提取参照局部等电位箱工程量提取过程进行操作即可。

其余计量内容操作方法相同。

(5)工程量汇总及报表查看

工程量反查核验方法参见前文,本任务略。

3.3.5 任务总结

①防雷接地系统中,等电位箱这类设备布置较分散,手动算量容易数漏,BIM算量较准确。

②屋顶避雷网计算时,手动算量与 BIM 算量均有一定的难度。手动算量时,若屋顶存在高度差,则竖向工程量需造价人员去计算,尤其是坡屋面的避雷网长度时需要用到三角函数计算,过程较麻烦;BIM 算量时,识别后需要调整避雷线高度,但是调整高度后会自动生成竖向避雷网,且能直接绘制坡屋面避雷网,操作较麻烦但计算过程简单。

课后任务

算量练习:请完成建筑防雷接地照明系统的手工算量和 BIM 算量。

模块 4
建筑智能化工程计量

任务 4.1　火灾自动报警系统

素质目标	知识目标	能力目标
（1）体会新工艺在火灾自动报警系统中起到的作用，引导创新意识； （2）通过遵循规范准确列项，培养科学严谨的职业态度和良好的工作习惯； （3）通过手工算量与 BIM 算量进行对量，体验多次完善数据的过程，培养挫折承受能力和精益求精的职业精神	（1）掌握火灾自动报警系统工程量手工算量与 BIM 算量的方法； （2）熟悉《通用安装工程工程量计算规范》（GB 50856—2013）附录 J 中火灾自动报警工程中的项目编码、项目名称、项目特征、计量单位等内容	能够依据施工图，按照相关规范，完整编制火灾自动报警系统工程量清单并准确计算工程量

4.1.1　任务信息

本任务计算对象为"某职工服务平台建设工程项目"火灾自动报警系统图纸，主要包括从消防控制室出线后的输电/信号网络以及各种末端设备。

本次任务为识读"某职工服务平台建设工程项目"电气工程图纸中"火灾自动报警系统"相关内容（包含设计说明、平面图、系统图、大样图等），依据计算规则，采用手工算量及 BIM 算量两种方式计算火灾自动报警系统工程量。

4.1.2　任务分析

利用手工算量和 BIM 算量两种方法计算火灾自动报警系统工程量。

1）手工算量

①建筑火灾自动报警系统工程量计算，一般以消防控制室为起点，分回路计算，便于数据

追溯反查。

②计算火灾自动报警系统的设备工程量。如总线隔离器、感烟探测器、感温探测器、吸顶式扬声器等,因设备的安装高度及位置、设备本体高度以及回路敷设方式,共同决定了配线、配管等的长度,因此需在长度计算前进行设备工程量计算,并记录设备各项参数。

③计算弱电桥架或弱电线槽及相关项的工程量。弱电桥架或弱电线槽计算时均按设计图示尺寸以长度计算,此外要考虑桥架或线槽的安装支架及支架的刷油防腐等。

④计算配管及相关项的工程量。配管敷设根据配管材质与直径,区别敷设位置、敷设方式,按设计图示长度计算,在砌块墙上竖向敷设时,需计算凿槽工程量。

⑤计算配线及相关项的工程量。双绞线缆、光缆、同轴电缆、电话线敷设、穿放、明敷设,按设计图示长度以"m"计量。电缆敷设按单根延长米计算,如一个架上敷设 3 根各长 100 m 的电缆,应按 300 m 计算,以此类推。电缆附加及预留的长度是电缆敷设长度的组成部分,应计入电缆长度工程量之内。光缆需计算布放尾纤及光纤连接,布放尾纤按设计图示数量以"条"计量;光纤连接按设计图示数量以"芯"(磨制法以"端口")计量。

⑥计算接线盒的工程量。安装各类信息插座、过线(路)盒、信息插座底盒(接线盒)、光缆终端盒和跳块打接按设计图示数量以"个"计量。

⑦双绞线缆测试,以"链路"计量,光纤测试按设计图示数量以"链路"计量。

2) BIM 算量

利用广联达 BIM 安装计量软件(GQI),构建火灾自动报警系统三维模型,输出工程量。

①火灾自动报警系统中涉及的设备种类较多,可通过软件"材料表"功能识别图例符号及对应名称、型号规格等信息,快速新建项目,提高效率。

②如果管线需测量至墙体内,则需先构建虚墙模型,再构建管线模型,虚墙工程量不会计入总工程量中。

4.1.3　知识链接

火灾自动报警系统是由触发装置、火灾报警装置、联动输出装置以及具有其他辅助功能的装置组成的。它能在火灾初期将燃烧产生的烟雾、热量、火焰等物理量,通过火灾探测器变成电信号,传输到火灾报警控制器,并同时以声或光的形式通知整个楼层疏散,控制器记录火灾发生的部位、时间等,使人们能够及时发现火灾,并及时采取有效措施,扑灭初期火灾,最大限度地减少因火灾造成的生命和财产损失。火灾自动报警系统是人们同火灾作斗争的有力工具。

火灾自动报警系统

4.1.4　任务实施

火灾自动报警系统线路连接较为复杂,设备可能连接在多条线路中,需要读懂图纸,才能保证算量准确。"某职工服务平台建设工程项目"中,火灾自动报警系统线路由 1 层消防控制中心引出,经电井竖向敷设至各楼层接线端子箱,再由接线端子箱出线至各用电设备。计算工程量时,以消防控制室为起点,分防火分区和楼层进行计算。

火灾自动报警与联动系统施工图识读方法

1)手工算量

（1）比例确认

分别测量火灾自动报警及联动控制平面图中任意一段已标注的线段长度,对比标注长度与实际测量长度是否一致,若一致,则可进行后续算量工作;若不一致,根据识图软件比例设置方法进行调整。

（2）计算设备工程量

识读火灾自动报警及联动控制平面图、火灾自动报警及消防联动控制系统图、火灾报警及消防联动控制图例说明和消防控制室布置、接地平面图。依据计算规则,本任务火灾自动报警及消防联动控制系统设备工程量统计如表4.1.1所示。

表4.1.1　火灾自动报警及消防联动控制系统设备工程量

序号	项目名称	规格型号	单位	工程量	计算式	备注
1	接线端子箱	LD-JX100	台	8	1[−2层]+1×3[−1层]+1[1层]+1[2层]+1[3层]+1[4层]	底边距地1.8 m
2	感烟探测器	JTY-GD-G3	个	162	1×40[−2层]+1×22[−1层]+1×24[1层]+1×31[2层]+1×33[3层]+1×12[4层]	
3	消火栓按钮	LD-8404	个	36	1×8[−2层]+1×9[−1层]+1×4[1层]+1×6[2层]+1×6[3层]+1×3[4层]	
4	编码手动报警按钮（带电话插口）	J-SAP-8402	个	33	1×4[−2层]+1×6[−1层]+1×4[1层]+1×8[2层]+1×8[3层]+1×3[4层]	中心距地1.4 m
5	声光报警器	HX-100B	个	45	1×6[−2层]+1×15[−1层]+1×5[1层]+1×8[2层]+1×8[3层]+1×3[4层]	底边距地1.8 m
6	单输入报警模块	GST-LD-8300	个	41	1×7[−2层]+1×24[−1层]+1×4[1层]+1×2[2层]+1×2[3层]+1×2[4层]	
7	双输入输出联动模块	GST-LD-8303	个	26	1×2[−2层]+1×13[−1层]+1×3[1层]+1×4[2层]+1×4[3层]	
8	气体灭火控制盘	GST-QKP04	个	3	1[−2层]+1×2[−1层]	
9	气体灭火紧急起/停按钮	GST-LD-8318 A	个	4	1[−2层]+1×3[−1层]	
10	放气指示灯	GST-LD-8317 A	个	4	1[−2层]+1×3[−1层]	
11	气体灭火喷洒指示灯	GST-LD-8317 A	个	4	1[−2层]+1×3[−1层]	

续表

序号	项目名称	规格型号	单位	工程量	计算式	备注
12	消防电话分机	TS-200 A	个	9	1×2[−2层]+1×6[−1层]+1[1层]	
13	扬声器	3W	个	38	1×5[−2层]+1×7[−1层]+1×5[1层]+1×9[2层]+1×10[3层]+1×2[4层]	
14	总线隔离器	LD-8313	个	16	1×3[−2层]+1×5[−1层]+1×2[1层]+1×2[2层]+1×3[3层]+1[4层]	
15	火灾显示盘	ZF-101	个	8	1[−2层]+1×3[−1层]+1[1层]+1[2层]+1[3层]+1[4层]	底边距地1.8 m
16	防火阀	280 ℃	个	20	1×5[−2层]+1×15[−1层]	已在通风空调中计算
17	风机		个	10	1[−2层]+1×9[−1层]	
18	水阀		个	21	1×2[−2层]+1×9[−1层]+1×4[1层]+1×2[2层]+1×2[3层]+1×2[4层]	已在消防水系统中计算
19	感温探测器	JTY-GD-G3	个	4	1×4[−1层]	
20	感温探测器（防爆）	LD3300NB(Ex)	个	1	1[−1层]	
21	单输入输出联动模块	LD-8301	个	4	1×2[−1层]+1×2[4层]	
22	落地设备		个	4	1×4[−1层]	
23	卷帘门控制箱	600×400×200	台	11	1×3[1层]+1×4[2层]+1×4[3层]	

(3)物理单位工程量计算

①线槽及相关项工程量计算。识读1层火灾自动报警及联动控制平面图,依据计算规则,分规格、材质等按设计图示尺寸以长度计算消防金属线槽工程量,测量消防金属线槽水平长度如图4.1.1所示。图纸中消防控制室内控制设备高度未知,因此无法准确计算竖向线槽长度,这种情况可询问设计人员,要求给出解决方案。消防金属线槽工程量计算如下:

消防金属线槽50×50:(1.55+8.61)[−1层水平长度]=10.16(m)。

消防金属线槽200×200:(4.01+2.94+12.83)[1层水平长度]=19.78(m)。

识读火灾自动报警及消防联动控制系统图、电井平面布置图,电井中−2层~4层范围敷设100×100的消防金属线槽,高度为(3.9+4.2+4.2+4.2+4.5+4)=25(m)。

线槽安装支吊架工程量计算参见任务3.1,此处不再重复。

依据计算规则,本任务火灾自动报警及消防联动控制系统设备工程量统计如表4.1.2所示。

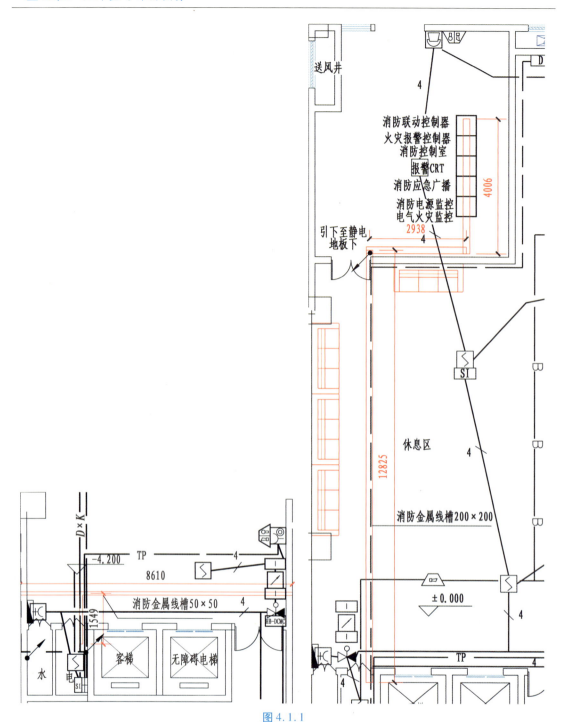

图 4.1.1

表 4.1.2　火灾自动报警及消防联动控制系统线槽及相关项工程量

序号	项目名称	规格型号	计量单位	工程量	计算式	备注
1	消防金属线槽	50×50	m	10.16	(1.55+8.61)〔-1层水平长度〕	
2	消防金属线槽	200×200	m	19.78	(4.01+2.94+12.83)〔1层水平长度〕	

序号	项目名称	规格型号	计量单位	工程量	计算式	备注
3	消防金属线槽	100×100	m	25	(3.9+4.2+4.2+4.2+4.5+4)［电井内竖向长度］	
4	吊架	L40×4 角钢	kg	135.32	(((19.78/1.5×(1.2×2+0.2+0.05×4))［200×200 线槽吊架］+(10.16/1.5×(1.2×2+0.05+0.05×4))［50×50 线槽吊架］)［水平桥架吊架工程量］+(0.1［桥架宽度］+0.1)×5［竖向桥架支架工程量］)×2.422［理论质量］	
5	支架	⊏10 槽钢	kg	30.02	((0.1［桥架宽度］+0.1+0.05×2)×2×5)×10.01［理论质量］	
6	支架	L50×5 角钢	kg	13.20	(((0.1/2［桥架高度一半］+0.1/2+0.05)+(0.1［桥架宽度］+0.1))×2×5)×3.77［理论质量］	

②配线、配管工程量计算。识读火灾自动报警及消防联动系统图,配线种类有:RS-485 通信总线(TX)、火灾监控线、报警联动总线(BJ)、24 V 电源总线(DY)、多线制控制线(DXK)、消防电话总线(DH)、消防广播总线(GB)、报警联动总线(BJ)+24 V 电源总线(DY)。根据电气施工总说明,各配线种类对应型号规格及敷设方式如下:

报警联动总线(BJ):WDZCN-RVS-2×1.5(暗敷穿 PC16,明敷穿 SC15);

24 V 电源总线(DY):WDZDN-BYJ-2×1.5(暗敷 PC16,明敷穿 SC15);

24 V 电源支线(DY):WDZDN-BYJ-2×1.5(暗敷 PC16,明敷穿 SC15);

消防广播总线(GB):WDZNC-RVS-2×1.5(暗敷 PC16,明敷穿 SC15);

消防电话总线(DH):WDZCN-RVVP-2×1.5(暗敷 PC16,明敷穿 SC15);

多线制控制线(DXK):WDZN-BYJ-6×1.5(暗敷 PC20,明敷穿 SC20);

根据识图图纸信息分析可知,本系统配管、配线工程量计算时,干线与支线需要分开计算,干线包括从消防控制室出线后,经电井敷设至各楼层各防火分区的接线端子箱部分,支线包括从接线端子箱出线后与各末端设备连接之间的部分。

a.干线及相关项工程量计算。识读火灾自动报警及消防联动控制系统图可知,从消防控制室敷设报警联动总线+24 V 电源总线、消防广播总线、消防电话总线、多线制控制线至各楼层各防火分区的接线端子箱连接,再布线与各末端设备相连。其中,报警联动总线、消防广播总线和消防电话总线均采用多芯软导线,24 V 电源总线和多线制控制线采用单芯电线。

识读 1 层火灾自动报警及联动控制平面图,水平干线敷设在消防金属线槽 200×200 中,因此,其长度与消防金属线槽相同,水平干线工程量计算如下:

报警联动总线(BJ):(4.01+2.94+12.83)［1 层水平长度］×4［回路数量］=79.12(m)。

24 V 电源总线(DY):(4.01+2.94+12.83)［1 层水平长度］×2［配线根数］×4［回路数量］=158.24(m)。

消防广播总线（GB）：（4.01+2.94+12.83）[1层水平长度]=19.78（m）。

消防电话总线（DH）：（4.01+2.94+12.83）[1层水平长度]=19.78（m）。

多线制控制线（DXK）：（4.01+2.94+12.83）[1层水平长度]×6[配线根数]×7[回路数量]=830.76（m）。

识读火灾自动报警及消防联动控制系统图可知，信号总线（BJ）+DC24V电源总线（DY）从消防控制室引出4回路，-1层和-2层各1个回路，1、2层1个回路，3、4层1个回路；多线制控制线（DXK）从消防控制室引出7回路，每个控制点1个回路。消防控制室内设备高度未知，实际项目中可向设计人员进行提疑，此处因计算需要假定设备高度均为2m。识读消防控制室布置、接地平面图可知，设备安装在防静电地板上，地板据结构地面高度300mm。识读消防报警通用水平桥架吊装图，桥架底距板底1200mm，板厚120mm，则设备处竖向长度为：4.2[层高]-0.3[地板高度]-2[设备高度]-1.212[桥架底距板面高度]≈0.69（m）。

电井内竖向干线工程量计算如下：

报警联动总线（BJ）：0.69[设备处竖向长度]+（4.2+4.2）[至-2层竖向长度]+4.2[至-1层竖向长度]+（4.2+4.2）[至2层竖向长度]+（4.2+4.2+4.5+4）[至4层竖向长度]=38.59（m）。

24V电源总线（DY）：（0.69[设备处竖向长度]+（4.2+4.2）[至-2层竖向长度]+4.2[至-2层竖向长度]+（4.2+4.2）[至2层竖向长度]+（4.2+4.2+4.5+4）[至4层竖向长度]）×2[配线根数]=77.18（m）。

消防广播总线（GB）：0.69[设备处竖向长度]+（4.2+4.2+4.2+4.5+4）[电井内-2~4层竖向长度]=21.79（m）。

消防电话总线（DH）：0.69[设备处竖向长度]+（4.2+4.2+4.2+4.5+4）[电井内-2~4层竖向长度]=21.79（m）。

多线制控制线（DXK）：（0.69[设备处竖向长度]+（4.2+4.2）×2[至-2层竖向长度]+（4.2）×5[至-1层竖向长度]）×6[配线根数]=230.94（m）。

b.支线及相关项工程量计算。火灾自动报警及消防联动控制系统配管、配线工程量计算方法与建筑电气照明系统一致，具体过程参见3.2.4小节。

依据计算规则，本任务火灾自动报警及消防联动控制系统配管、配线工程量统计如表4.1.3所示。

表4.1.3 火灾自动报警及消防联动控制系统配管、配线工程工程量

序号	项目名称	规格型号	计量单位	工程量	计算式	备注
干线						
1	报警联动总线（BJ）	WDZCN-RVS-2×1.5	m	117.71	（4.01+2.94+12.83）[1层水平长度]×4[回路数量]+0.69[设备处竖向长度]+（4.2+4.2）[至-2层竖向长度]+4.2[至-1层竖向长度]+（4.2+4.2）[至2层竖向长度]+（4.2+4.2+4.5+4）[至4层竖向长度]	

续表

序号	项目名称	规格型号	计量单位	工程量	计算式	备注
2	24 V 电源总线（DY）	WDZDN-BYJ-2×1.5	m	235.42	(4.01+2.94+12.83)［1层水平长度］×2［配线根数］×4［回路数量］+(0.69［设备处竖向长度］+(4.2+4.2)［至-2层竖向长度］+4.2［至-2层竖向长度］+(4.2+4.2)［至2层竖向长度］+(4.2+4.2+4.5+4)［至4层竖向长度］)×2［配线根数］	
3	消防广播总线（GB）	WDZNC-RVS-2×1.5	m	41.57	(4.01+2.94+12.83)［1层水平长度］+0.69［设备处竖向长度］+(4.2+4.2+4.2+4.5+4)［电井内-2~4层竖向长度］	
4	消防电话总线（DH）	WDZCN-RVVP-2×1.5	m	41.57	(4.01+2.94+12.83)［1层水平长度］+0.69［设备处竖向长度］+(4.2+4.2+4.2+4.5+4)［电井内-2~4层竖向长度］	
5	多线制控制线（DXK）	WDZN-BYJ-6×1.5	m	1 061.70	(4.01+2.94+12.83)［1层水平长度］×6［配线根数］×7［回路数量］+(0.69［设备处竖向长度］+(4.2+4.2)×2［至-2层竖向长度］+4.2×5［至-1层竖向长度］)×6［配线根数］	
			-2层支线			
1	报警联动总线（BJ）	WDZCN-RVS-2×1.5	m	405.28	(0.32×6+0.6+0.25×43+0.69+1.36+0.16×2+0.42×2+0.56×3+3.91+3.31+0.49×3+0.26×7+0.28+8.18+8.36+1.28+0.89×2+1.45+4.71+0.46+0.33+0.64+0.03+0.24+8.1×2+7.6+8.05+7.5+7.85+3.59+0.09+0.23×2+0.27+0.2+3.49+3.22+3.68+3.87+5.87+4.63+3.93+6.9+4.06×2+6.1+4.45+4.23+4.16+4.33+4.28+3.37+3.27+5.4+2.85+2.11+1.73+1.69+0.38×2+0.51+0.25×14+0.34+0.16×3+0.85×2+0.61×2+0.78+0.41×2+0.49+0.17×2+0.32+0.87+4.7+3.36+0.37+1.83+7.34+8.2+0.3+2.78+0.28+5.43+7.71+0.46+1.34+3.53+2.69+4.76+0.59×2+0.9+1.37+1.7+0.94+9.28+1.16+7.35+7.5+4.42+6.14+3.03)［-2层水平］+((3.9-1.4)×13+(3.9-2.2)×3+1.2×5+(3.9-1.8)×3+(3.9-1.4)×13+(3.9-1.8)×4+1.2×2)［-2层竖向］	

续表

序号	项目名称	规格型号	计量单位	工程量	计算式	备注
2	24 V电源总线(DY)	WDZDN-BYJ-2×1.5	m	310.96	((0.38×2+0.51+0.25×14+0.34+0.16×3+0.85×2+0.61×2+0.78+0.41×2+0.49+0.17×2+0.32+0.87+4.7+3.36+0.37+1.83+7.34+8.2+0.3+2.78+0.28+5.43+7.71+0.46+1.34+3.53+2.69+4.76+0.59×2+0.9+1.37+1.7+0.94+9.28+1.16+7.35+7.5+4.42+6.14+3.03)[-2层水平]+((3.9-1.4)×13+(3.9-1.8)×4+1.2×2)[-2层竖向])×2[配线根数]	
3	消防广播总线(GB)	WDZNC-RVS-2×1.5	m	105.88	(15.79+0.27×3+0.48+3.16+9.31+12+5.8+2.68+1.42+0.54+0.28+0.24+3.49+15.2+0.8+8.88)[-2层水平]+(3.9-1.4)×10[-2层竖向]	
4	消防电话总线(DH)	WDZCN-RVVP-2×1.5	m	87.04	(18.27+5.72+9.91+0.26+0.35×3+3.2+1.96+3.15+11.12+16.27+16.13)[-2层水平]	
5	多线制控制线(DXK)	WDZN-BYJ-6×1.5	m	190.08	((0.33+17.91+9.6+0.24)[-2层水平]+((3.9-1.5)+1.2)[-2层竖向])×6[配线根数]	
6	配管	PC16	m	753.68	((0.32×6+0.6+0.25×43+0.69+1.36+0.16×2+0.42×2+0.56×3+3.91+3.31+0.49×3+0.26×7+0.28+8.18+8.36+1.28+0.89×2+1.45+4.71+0.46+0.33+0.64+0.03+0.24+8.1×2+7.6+8.05+7.5+7.85+3.59+0.09+0.23×2+0.27+0.2+3.49+3.22+3.68+3.87+5.87+4.63+3.93+6.9+4.06×2+6.1+4.45+4.23+4.16+4.33+4.28+3.37+3.27+5.4+2.85+2.11+1.73+1.69+0.38×2+0.51+0.25×14+0.34+0.16×3+0.85×2+0.61×2+0.78+0.41×2+0.49+0.17×2+0.32+0.87+4.7+3.36+0.37+1.83+7.34+8.2+0.3+2.78+0.28+5.43+7.71+0.46+1.34+3.53+2.69+4.76+0.59×2+0.9+1.37+1.7+0.94+9.28+1.16+7.35+7.5+4.42+6.14+3.03)[BJ配管]+(0.38×2+0.51+0.25×14+0.34+0.16×3+0.85×2+0.61×2+0.78+0.41×2+0.49+0.17×2+0.32+0.87+4.7+3.36+0.37+1.83+7.34+8.2+0.3+2.78+0.28+5.43+7.71+0.46+1.34+3.53+2.69+4.76+0.59×2+0.9+1.37+1.7+0.94+9.28+1.16+7.35+7.5+4.42+6.14+3.03)[DY配管]+(15.79+0.27×3+0.48+3.16+9.31+12+5.8+2.68+1.42+0.54+0.28+0.24+3.49+15.2+0.8+8.88)[GB配管]+(18.27+5.72+9.91+0.26+	

续表

序号	项目名称	规格型号	计量单位	工程量	计算式	备注
6	配管	PC16	m	753.68	0.35×3+3.2+1.96+3.15+11.12+16.27+16.13）[DH 配管])[水平]+(((3.9−1.4)×13+(3.9−2.2)×3+1.2×5+(3.9−1.8)×3+(3.9−1.4)×13+(3.9−1.8)×4+1.2×2)[BJ 配管]+((3.9−1.4)×13+(3.9−1.8)×4+1.2×2)[DY 配管]+(3.9−1.4)×10[GB 配管])[竖向]	
7	配管	PC20	m	31.68	(0.33+17.91+9.6+0.24)[DKX 配管][水平]+(((3.9−1.5)+1.2)[DKX 配管])[竖向]	

注:火灾自动报警系统支线回路较多,其他支线工程量计算过程及结果不在此处罗列,详见本书配套工程量汇总表。

其他内容计算方法类似,详细见电子计算书。

2) BIM 算量

（1）新建工程及建模准备

建筑智能化工程的新建工程及建模准备方式与建筑给排水工程一致,参照任务 1.1 中新建工程及建模准备完成。

（2）计算设备工程量

计算设备工程量之前需先列项,可以通过识别图例表完成。将图纸切换到有图例表的图纸上,选择"材料表"命令,左键拉框选择识别的材料表范围,右键确认后弹出"识别材料表-请选择对应列"窗口,检查识别信息是否准确,有误则进行修改,最后单击"确定",如图4.1.2所示。其中部分设备安装高度在图例表中未体现的,可以在施工设计说明中找到相关信息,如图 4.1.3 所示。在"构建列表"窗口就有对应的信息,识别后构件属性中"类型"均默认为"探测器",需按实进行修改,如图 4.1.4 所示。

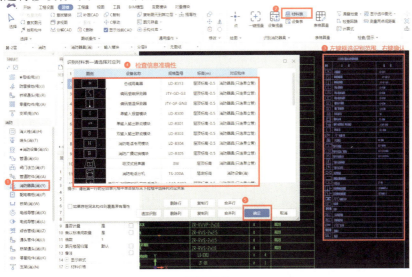

图 4.1.2

5.安装方式及安装高度：接线端子箱安装在墙上,其底边距地1.8m,就地联动控制模块安装于墙上,其底边距地>2.2m,火灾重复显示器壁装,其底边距地1.8m,消防广播为吸顶安装;手动报警按钮和消防电话插孔安装于墙上,其中心距地1.4m;探测器吸顶安装 ;声光报警器距地1.8m暗装。

图 4.1.3

图 4.1.4

软件识别设备数量时,可以同时识别所有楼层的相同设备。以烟感探测器工程量识别为例,操作如下:切换图纸至"-2 层火灾自动报警及联动控制平面图"(其他楼层平面图也可以,只要有该设备即可),选择"设备提量"命令,左键单击选择需识别的设备的图例符号,右键确认后弹出"选择需识别的构件"窗口,选择对应设备名称,检查属性是否无误;再单击"选择楼层",在弹出窗口中勾选所有需要提量的楼层及图纸,单击"确定",再单击"确认",软件将提示识别的设备数量,如图 4.1.5 所示。部分设备未在图例表中列举,可以在软件中新建构件并设置属性即可。

(3)管线工程量计算

以 1 层管线计算为例,火灾自动报警系统管线由消防控制室敷设至 1 层接线端子箱后,由接线端子箱中的短路隔离器出线至 1 层各用电设备,以消防电话总线(DH)为例。

导航栏切换至"电线导管(消)(X)"模块,在构建列表中新建配管并完善属性,如图 4.1.6 所示。选择"单回路",鼠标左键选择消防电话总线的 CAD 图线,右键确认后弹出"选择需识别的构件"窗口,选择对应设备名称,检查属性是否无误,窗口右下角可以设置与器具连接处的立管材质,设置好之后单击"确定"即可,如图 4.1.7 所示。若要反查数据,可以双击构件列表中的构件名称,绘图界面会显示对应构件的位置,明细量表中可以查看配管和电线的工程量信息,如图 4.1.8 所示。

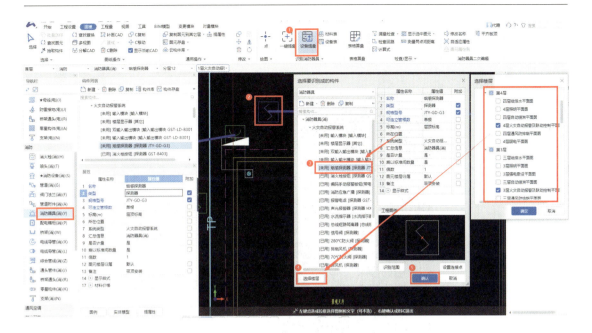

图 4.1.5

图 4.1.6

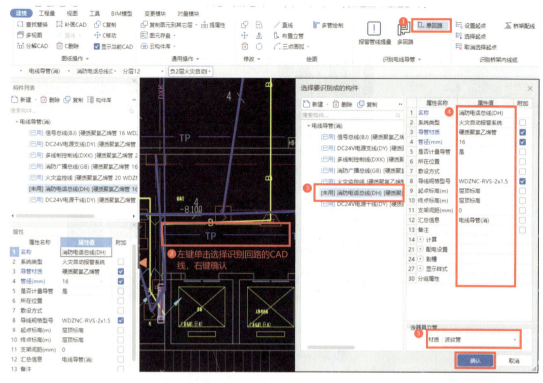

图 4.1.7

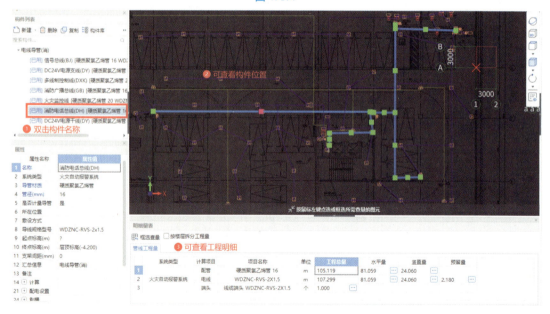

图 4.1.8

　　若计算多线共管的工程量,如图纸中 24 V 电源线与报警联动控制线同管敷设时,导航栏切换至"综合管线(消)(Z)"模块,在构建列表中新建线管并完善属性,如图 4.1.9 所示。后面的操作流程同上。

　　其余计量内容操作方法相同。

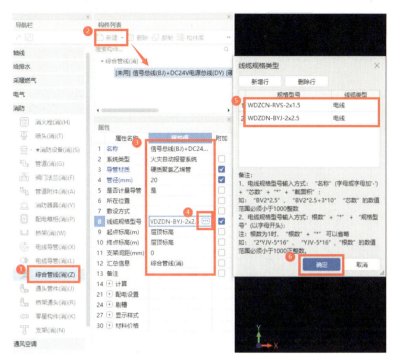

图 4.1.9

（4）工程量汇总及报表查看

工程量反查核验方法参见前文，本任务略。

4.1.5　任务总结

火灾自动报警系统设备种类及数量较多，手动算量速度慢，漏算后不容易发现；软件计算速度快，且有漏量检查功能可以检查是否漏算，确保工程量计算准确。

课后任务

算量练习：请完成火灾自动报警系统的手工算量和 BIM 算量。

任务4.2　其他弱电系统

素质目标	知识目标	能力目标
（1）通过遵循规范准确列项，培养科学严谨的职业态度和良好的工作习惯； （2）通过精准算量多次完善数据，培养挫折承受能力和精益求精的职业精神	（1）掌握其他弱电系统清单列项及算量方法； （2）熟悉《通用安装工程工程量计算规范》（GB 50856—2013）附录E中建筑智能化工程中的项目编码、项目名称、项目特征、计量单位等内容	能够依据施工图，按照相关规范的工程量计算规则，完整计算其他弱电系统工程量，形成工程量汇总表

4.2.1　任务信息

本任务计算对象为"某职工服务平台建设工程项目"弱电系统图纸，主要包括车库弱电桥架、预埋垂直及进单元管路。

本次任务为识读"某职工服务平台建设工程项目"电气工程图纸中"弱电系统"相关内容（包含设计说明、平面图、系统图、大样图等），依据计算规则，采用手工算量及BIM算量两种方式计算弱电系统工程量。

4.2.2　任务分析

某职工服务平台建设工程项目中弱电系统包括宽带及电话系统、电视系统图、监控系统等。根据图纸设计要求，本设计仅预留车库弱电桥架、预埋垂直及进单元管路，其余由业主委托由网络营运商或集成商设计。

4.2.3　知识链接

宽带及电话系统提供电话、宽带网络和有线电视等通信服务，以实现内部通信和与外界的联系。

4.2.4　任务实施

某职工服务平台建设工程项目中弱电机房位于-2层，水平方向采用弱电线槽敷设，竖直方向在电井内采用弱电金属线槽敷设。

1）手工算量计算

线槽及其相关项工程量计算

识读-2层~4层弱电平面图，各层均有弱电线槽，水平工程量在平面图上测量得出，-2层弱电线槽水平长度测量如图4.2.1所示，其他楼层采用相同方式测量即可。电井内采用弱电金属线槽300×100。

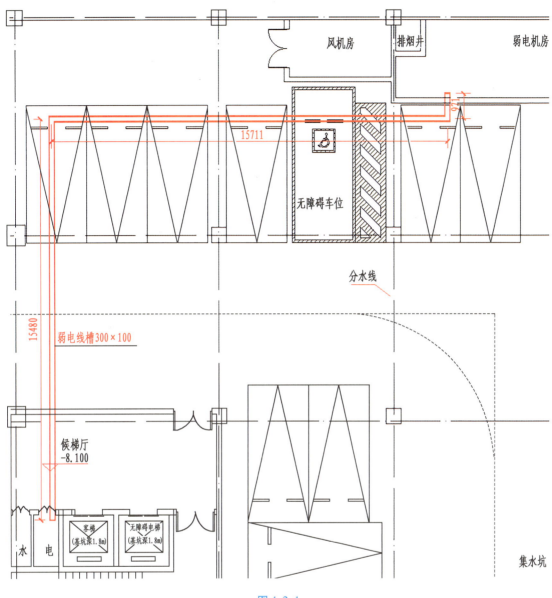

图 4.2.1

从 −2 层敷设至 4 层。弱电金属线槽工程量计算如下：

弱电金属线槽 300×100：(0.971+15.704+15.48)[水平]+(4.2×3+4.5+4)[竖向]=53.26（m）。

弱电金属线槽 100×100：9.528[水平]=9.53(m)。

弱电金属线槽 50×50：(14.043+12.223+25.229+4.786)[水平]=56.28(m)。

弱电金属线槽 100×50：(13.201+13.201+45.191)[水平]=71.59(m)。

弱电金属线槽安装支吊架工程量计算参见任务 3.1，此处不再重复。

依据计算规则，本任务弱电系统中线槽及其相关项工程量统计如表 4.2.1 所示。

表4.2.1 弱电系统中线槽及其相关项工程量

序号	项目名称	规格型号	计量单位	工程量	计算式	备注
1	弱电线槽	300×100	m	53.26	(0.971+15.704+15.48)[水平]+(4.2×3+4.5+4)[竖向]	
2	弱电线槽	100×100	m	9.53	9.528[水平]	
3	弱电线槽	50×50	m	56.28	(14.043+12.223+25.229+4.786)[水平]	
4	弱电线槽	100×50	m	71.59	(13.201+13.201+45.191)[水平]	
5	支架	L40×4	kg	843.84	53.26/1.5×(1.2×2+0.3+0.05×4)+9.53/1.5×(1.2×2+0.1+0.05×4)+56.28/1.5×(1.2×2+0.05+0.05×4)+71.59/1.5×(1.2×2+0.1+0.05×4))×2.422[理论质量]	
6	支架	L40×4	kg	4.84	(0.3[桥架宽度]+0.1)×5×2.422[理论质量]	
7	支架	[10	kg	50.04	(0.3[桥架宽度]+0.1+0.05×2)×2×5×10.007[理论质量]	竖向线槽支架
8	支架	L50×5	kg	24.51	((0.3/2[桥架高度的一半]+0.1/2+0.05)+(0.3[桥架宽度]+0.1))×2×5×3.77[理论质量]	

2)配管工程量计算

识读一层弱电平面图,在管理/值班室预留电话插座和信号插座各1个,需预埋管路。图纸中未对配管规格进行明确,可向设计人员提疑。此处计算时,可暂时参考电视系统中的配管信息,使用PC20管道。配管水平工程量在平面图中测量得出,如图4.2.2所示。竖向管道在出桥架处及插座处各有1个,出桥架处竖向长度为1.2 m[线槽底距板底高度],插座处竖向长度为4.2[层高]-0.3[插座距地高度]=3.9(m)。配管工程量计算如下:

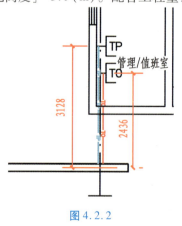

图4.2.2

配管 PC20:(3.13+2.44)[水平]+(1.2[线槽底距板底高度]+(4.2[层高]−0.3[插座距地高度]))×2[竖向]=15.77(m)。

依据计算规则,本任务弱电系统中配管相关项工程量统计如表4.2.2所示。

表4.2.2　弱电系统中配管工程量

序号	项目名称	规格型号	计量单位	工程量	计算式	备注
1	配管	PC20	m	15.77	(3.13+2.44)[水平]+(1.2[线槽底距板底高度]+(4.2[层高]−0.3[插座距地高度]))×2[竖向]	

其他内容计算方法类似,详细见电子计算书。

3)BIM算量

(1)新建工程及建模准备

建筑智能化工程的新建工程及建模准备方式与建筑给排水工程一致,参照任务1.1中新建工程及建模准备完成。

(2)线槽工程量计算

根据需求新建桥架项目。本书配套图纸中使用的为弱电线槽,有300×100、100×100、50×50、100×50共4种规格,线槽安装高度为板底1.2 m处,桥架支架间距1.5 m,转角处间距1 m。弱电线槽列项情况如图4.2.3所示。

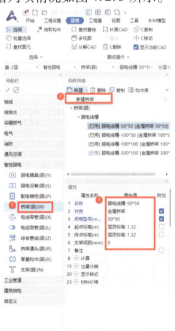

图4.2.3

图4.2.4

(3)配管工程量计算

弱电系统只需计算配管工程量。导航栏切换至"电线导管(消)(X)"模块,在构建列表中新建配管并完善属性,如图4.2.4所示。选择"单回路",鼠标左键选择消防电话总线的 CAD

图线,右键确认后弹出"选择需识别的构件"窗口,选择对应设备名称,检查属性是否无误,窗口右下角可以设置与器具连接处的立管材质,设置好后单击"确定"即可,如图4.2.5所示。若要反查数据,可双击构件列表中的构件名称,绘图界面会显示对应构件的位置,明细量表中可以查看配管和电线的工程量信息,如图4.2.6所示。

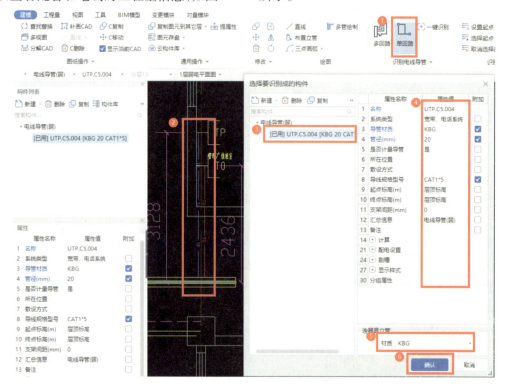

图4.2.5

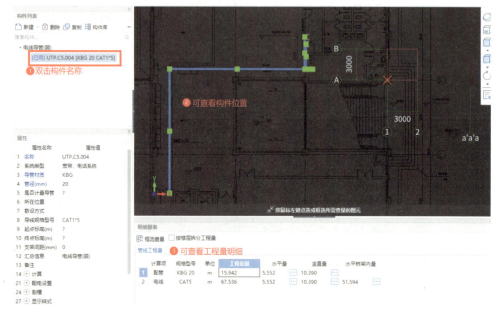

图4.2.6

其余计量内容操作方法相同。

(4)工程量汇总及报表查看

工程量反查核验方法参见前文,本任务略。

4.2.5　任务总结

本任务完成了图纸设计要求的预留车库弱电桥架、预埋垂直及进单元管路工程量。

课后任务

算量练习:请完成弱电系统的手工算量和 BIM 算量。

模块 5

建筑给排水工程计价

任务 5.1　建筑生活给水系统

素质目标	知识目标	能力目标
（1）通过准确询价和计价，培养良好的职业道德品质和勤勉尽职的职业精神； （2）培养学生总结思考、举一反三的学习习惯； （3）提升工程文本审美素养，培养团队协作精神	掌握广联达云计价平台 GCCP 编制建筑生活给水工程施工图预算的方法	（1）能够依据施工图，按照相关规范，结合地区文件，编制建筑生活给水工程施工图预算； （2）处理因图纸变更、价格调整等引起的工程造价变化工作

5.1.1　任务信息

根据《某职工服务平台建设工程项目》施工图及该项目"建筑生活给水系统工程量计算书"（表5.1.1），编制该单位工程招标控制价。由于项目所在地是重庆，所以在确定工程造价的过程中主要用到了《通用安装工程量计算规范》（GB 50856—2013）、《重庆市建设工程工程量计算规则》（CQJLGZ—2013）、《重庆市通用安装计价定额》（CQAZDE—2018）以及重庆市住房和城乡建设工程造价总站发布的各种信息价等计价规范与计价工具。

本任务是根据《某职工服务平台建设工程项目》施工图及该项目《建筑生活给水系统工程量计算书》，编制该单位工程招标控制价的建筑生活给水系统部分，考虑暂列金额100 000万元。

表 5.1.1　建筑生活给水系统工程量计算书（节选）

序号	项目名称	规格型号	计量单位	工程量
1	PERT-Ⅱ铝合金衬塑复合管	DN40,热熔承插连接	m	39.20
2	塑料成品管卡	DN40	个	6

续表

序号	项目名称	规格型号	计量单位	工程量
3	闸阀	DN65,法兰连接	个	1
4	截止阀	DN50,螺纹连接	个	3
5	减压阀	DN50,螺纹连接	个	1
6	旋翼式水表	DN50,螺纹连接	个	1
7	刚性防水套管	DN100	个	1
8	钢套管	DN100	个	1

5.1.2　任务分析

本次任务为使用广联达云计价平台 GCCP 软件,编制《某职工服务平台建设工程项目》建筑生活给水系统部分招标控制价。在前面已完成的计价流程基础上进行编制。

①新建项目及单位工程。必须准确选择"清单专业"和"费用标准",确保计算费率的准确性。

②计算分部分项工程费。编制清单:正确选取清单项并填写"项目特征""工程量"等信息;套取定额:根据"项目特征"准确套取定额,补充对应主材信息。

③计算其他项目费。根据实际项目计算暂列金额、暂估价、专业工程暂估价、计日工、总承包服务费。

④计算措施项目费。"组织措施费"由软件自动计算,"技术措施费"需要自行计算。

⑤调整人材机。询未计价材料价格,并调整"人工费""材料费""机械费"价差。

⑥计取规费和税金。

⑦输出报表。

5.1.3　知识链接

编制前,需明确建筑供配电系统前序计量内容所涉及的专业种类,并仔细查阅所涉及专业的计算规范和计价定额中的说明和要求,才能做到正确选用清单,合理套用定额子目,准确取费。

如何"合理"组价

招标人根据国家或省级、行业建设主管部门颁发的有关计价依据和办法,以及拟定的招标文件和招标工程量清单,结合工程具体情况编制的招标工程的最高投标限价。国有资金投资的工程建设项目应实行工程量清单招标,并应编制招标控制价。

此外,工程造价按形成可以划分为分部分项工程费、措施项目费、其他项目费、规费和税金。作为工程造价的一种具体形式,招标控制价也由上述 5 个部分组成。因此,招标控制价的编制与确定也可以通过以此编制与确定分部分项工程费、措施项目费、其他项目费、规费与税金来完成。

1)招标控制价编制注意事项

编制招标控制价时,应注意以下事项:

①使用的计价标准、计价政策应是国家或省级、行业建设主管部门颁布的计价定额和相关政策规定。

②采用的材料价格应是工程造价管理机构通过工程造价信息发布的材料单价,工程造价信息未发布材料单价的材料,其价格应通过市场调查确定。

③国家或省级、行业建设主管部门对工程造价计价中费用或费用标准有规定的,应按规定执行。

2) 定额套取原则

针对列项的清单子目,准确套用定额、科学组价,合理确定清单的综合单价与合价。在套价与组价的过程中,要根据项目特征准确套用定额,并坚持如下优先级原则:

第一优先级:选择相同的定额子目,根据清单"项目特征"确定一个或多个定额子目"工作内容";

第二优先级:选择接近的定额子目,如材质、工艺、消耗量等;

第三优先级:选择安装其他专业的定额子目,如工业管道工程;

第四优先级:选择其他专业的定额子目,如房屋建筑与装饰工程、市政工程等;

最末优先级:编制补充定额,为一次性定额。

5.1.4 任务实施

1) 新建招标项目文件

新建招标文件、基本信息等。打开广联达云计价平台GCCP,单击"新建预算",选定项目所在地区"重庆",单击"招标项目"。结合项目实际情况,填写"项目名称",选择地区标准、定额标准、单价形式等,填写"工程信息及特征",如图5.1.1、图5.1.2所示。

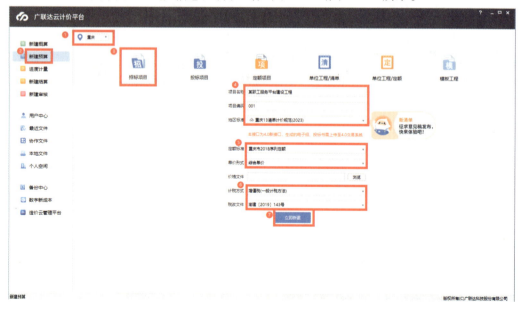

图 5.1.1

图 5.1.2

2)新建单位工程/单项工程

当编制项目有多栋建筑时,可以先按楼栋设置单项工程,再按工程类型在单位工程下设置单项工程。因本书配套项目《某职工服务平台建设工程》只有 1 个楼栋,所以可以直接设置单位工程。新建"建筑生活给水工程"单位工程,填写"工程信息及特征",如图 5.1.3 所示。

如何"正确"计算单位工程造价

图 5.1.3

3)计算分部分项工程费

(1)创建分部工程

建筑生活给水系统包含给水管道、支架及其他、管道附件,设置如图 5.1.4 所示。清晰完整的分部工程可以加快检查思路,提高工作效率。

图 5.1.4

（2）设置清单并套取定额

给排水工程组价

按照《建筑生活给水系统工程量计算书》（节选）的内容,选取合理的清单子目,根据规范中附录的项目特征,结合图纸进行详细的项目特征描述,再根据项目特征描述完整合理地套取定额子目。

①PERT-Ⅱ铝合金衬塑复合管,DN40,热熔承插连接。根据《通用安装工程工程量计算规范》（GB 50856—2013）"附录 K 给排水、采暖、燃气工程"的规定,PERT-Ⅱ铝合金衬塑复合管清单应选取"K.1 给排水、采暖、燃气管道"中的"031001007001 复合管",根据图纸信息填写其项目特征。

由于清单项目使用的是 PERT-Ⅱ铝合金衬塑复合管,但定额中并无完全匹配的定额子目。考虑到复合管是在室内安装且用热熔连接,因此可根据第二优先级选择材质、工艺、消耗量等接近的定额子目"CK0625 室内塑铝稳态管（热熔连接）公称外径≤50 mm"进行套价,并将主材换算成铝合金衬塑复合管及铝合金衬塑复合管管件,单击"工料机显示"对话框,修改主材名称、规格信息,规格是计价阶段主材询价的重要依据,因此能唯一确定材料单价是描述的原则。

阅读定额 CK0625 的说明信息,发现其工作内容仅包括"切管、卷削、组对、预热、熔接、管道及管件安装、水压试验及水冲洗",无法覆盖项目特征要求的"冲洗消毒"与"警示带敷设"工作内容。因此,还需选择定额"CK0877 管道消毒、冲洗 公称直径 ≤50 mm"。PERT-Ⅱ铝合金衬塑复合管的清单及定额编制如图 5.1.5 所示。

	编码	类别	名称	项目特征	主要清单	单位	工程量表达式	含量	工程量
	-		整个项目						
B1	- C	部	给水管道						
1	- 031001007001	项	PERT-II铝合金衬塑复合管	[项目特征]1.安装部位:室内2.介质:给水3.材质、规格:PERT-II铝合金衬塑复合管 DN404.连接形式:热熔承插连接5.压力试验及吹、洗设计要求:按图纸设计及现行国家规范执行		m	39.20		39.2
	- CK0625	定	室内塑铝稳态管(热熔连接) 公称外径≤50mm			10m	QDL	0.1	3.92
	172800010@1	主	PERT-II铝合金衬塑复合管			m		10.16	39.8272
	183105400@1	主	PERT-II铝合金衬塑复合管管件(综合)			个		7.42	29.0864
	CK0877	定	管道消毒、冲洗 公称直径≤50mm			100m	QDL	0.01	0.392

图 5.1.5

②塑料成品管卡,DN40。根据《通用安装工程工程量计算规范》（GB 50856—2013）"附录 K 给排水、采暖、燃气工程"的规定,塑料成品管卡清单应选取"K.2 支架及其他"中的"031002001001 管道支吊架",根据图纸信息填写其项目特征。定额选择"CK0761 成品管卡安装支管公称直径（mm 以内）40",修改主材名称及规格。塑料成品管卡的清单及定额编制如图 5.1.6 所示。

编码		类别	名称	项目特征	主要清单	单位	工程量表达式	含量	工程量
B1	□	部	支架及其他		□				
2	□ 031002001001	项	管道支吊架 管卡	[项目特征] 1. 材质:UPVC塑料材质 2. 管架形式:管卡 DN40	□	套	6		6
	□ CK0761	定	成品管卡安装 支管公称直径(mm以内) 40			10个	QDL	0.1	0.6
	18250825001	主	UPVC塑料材质			套		10.5	6.3

图 5.1.6

③闸阀,DN65,法兰连接。根据《通用安装工程工程量计算规范》(GB 50856—2013)"附录 K 给排水、采暖、燃气工程"的规定,法兰闸阀清单应选取"K.3 管道附件"中的"031003003001 焊接法兰阀门",根据图纸信息填写其项目特征。定额选择"CK0965 法兰阀 公称直径 ≤65 mm",修改主材名称及规格。闸阀的清单及定额编制如图 5.1.7 所示。

编码	类别	名称	项目特征	主要清单	单位	工程量表达式	含量	工程量
□ 031003003001	项	焊接法兰阀门 闸阀	[项目特征] 1. 类型:闸阀 2. 规格、压力等级:DN65 3. 连接形式:法兰连接	□	个	1		1
□ CK0965	定	法兰阀 公称直径 ≤65mm			个	QDL	1	1
19030001001	主	闸阀			个		1	1

图 5.1.7

④截止阀,DN50,螺纹连接。根据《通用安装工程工程量计算规范》(GB 50856—2013)"附录 K 给排水、采暖、燃气工程"的规定,截止阀清单应选取"K.3 管道附件"中的"031003001001 螺纹阀门",根据图纸信息填写其项目特征。定额选择"CK0916 螺纹阀 公称直径 ≤50 mm",修改主材名称及规格。截止阀的清单及定额编制如图 5.1.8 所示。

编码	类别	名称	项目特征	主要清单	单位	工程量表达式	含量	工程量
□ 031003001001	项	螺纹阀门 截止阀	[项目特征] 1. 类型:截止阀 2. 规格、压力等级:DN50 3. 连接形式:螺纹连接	□	个	3		3
□ CK0916	定	螺纹阀 公称直径 ≤50mm			个	QDL	1	3
19000001001	主	截止阀			个		1.01	3.03

图 5.1.8

⑤减压阀,DN50,螺纹连接。根据《通用安装工程工程量计算规范》(GB 50856—2013)"附录 K 给排水、采暖、燃气工程"的规定,减压阀清单应选取"K.3 管道附件"中的"031003001002 螺纹阀门",根据图纸信息填写其项目特征。定额选择"CK0916 螺纹阀 公称直径 ≤50 mm",修改主材名称及规格。减压阀的清单及定额编制如图 5.1.9 所示。

编码	类别	名称	项目特征	主要清单	单位	工程量表达式	含量	工程量
□ 031003001002	项	螺纹阀门 减压阀	[项目特征] 1. 类型:减压阀 2. 规格、压力等级:DN50 3. 连接形式:螺纹连接	□	个	1		1
□ CK0916	定	螺纹阀 公称直径 ≤50mm			个	QDL	1	1
19000001002	主	减压阀			个		1.01	1.01

图 5.1.9

⑥旋翼式水表,DN50,螺纹连接。根据《通用安装工程工程量计算规范》(GB 50856—2013)"附录 K 给排水、采暖、燃气工程"的规定,旋翼式水表清单应选取"K.3 管道附件"中的"031003013001 水表",根据图纸信息填写其项目特征。定额选择"CK1282 螺纹水表 公称直径 ≤50 mm",修改主材名称及规格。旋翼式水表的清单及定额编制如图 5.1.10 所示。

编码	类别	名称	项目特征	主要清单	单位	工程量表达式	含量	工程量
□ 031003013001	项	旋翼式水表	[项目特征] 1. 安装部位(室内外):室内 2. 型号、规格:旋翼式水表;DN50 3. 连接形式:螺纹连接	☐	个	1		1
□ CK1282	定	螺纹水表 公称直径 ≤50mm			个	QDL	1	1
24010020001	主	旋翼式水表			个		1	1

图 5.1.10

⑦刚性防水套管,DN100。根据《通用安装工程工程量计算规范》(GB 50856—2013)"附录 K 给排水、采暖、燃气工程"的规定,刚性防水套管清单应选取"K.2 支架及其他"中的"031002003001 套管",根据图纸信息填写其项目特征。定额选择"CK0815 给排水、采暖、燃气安装工程 刚性防水套管制作 公称直径 ≤100 mm""CK0827 给排水、采暖、燃气安装工程 刚性防水套管安装 公称直径 ≤100 mm",修改主材名称及规格。刚性防水套管的清单及定额编制如图 5.1.11 所示。

编码	类别	名称	项目特征	主要清单	单位	工程量表达式	含量	工程量
□ 031002003001	项	套管 刚性防水套管	[项目特征] 1. 名称、类型:刚性防水套管 2. 材质:焊接钢管 3. 规格:DN100 4. 填料材质:阻燃密实材料和防水油膏填实	☐	个	1		1
□ CK0815	定	给排水、采暖、燃气安装工程 刚性防水套管制作 公称直径 ≤100mm			个	QDL	1	1
170100450-1@1	主	刚性防水套管			kg		5.14	5.14
□ CK0827	定	给排水、采暖、燃气安装工程 刚性防水套管安装 公称直径 ≤100mm			个	QDL	1	1

图 5.1.11

⑧钢套管,DN100。根据《通用安装工程工程量计算规范》(GB 50856—2013)"附录 K 给排水、采暖、燃气工程"的规定,刚性防水套管清单应选取"K.2 支架及其他"中的"031002003002 套管",根据图纸信息填写其项目特征。定额选择"CK0777 给排水、采暖、燃气安装工程 一般套管制作安装(钢管) 公称直径 ≤100 mm",修改主材名称及规格。刚性防水套管的清单及定额编制如图 5.1.12 所示。

编码	类别	名称	项目特征	主要清单	单位	工程量表达式	含量	工程量
□ 031002003002	项	套管	[项目特征] 1. 名称、类型:钢套管 2. 材质:焊接钢管 3. 规格:DN100 4. 填料材质:阻燃密实材料和防水油膏填实	☐	个	1		1
□ CK0777	定	给排水、采暖、燃气安装工程 一般套管制作安装(钢管) 公称直径 ≤100mm			个	QDL	1	1
170100400@1	主	钢套管			m		0.318	0.318

图 5.1.12

(3)确定其他项目费

选择"其他项目",根据招标人的要求,选择需要添加的费用栏。本任务中要求考虑暂列金额 100 000 万元,如图 5.1.13 所示。如果业主(招标人)没有这类专门的要求,其他项目则无需编制。

其他项目费

某职工程 > 建筑生活给水工程			造价分析	工程概况	取费设置	分部分项	措施项目	其他项目	人材机汇总	费用汇总	指标信息
新建 · 导入导出 · ↓ ↑	新建独立费		序号		名称	计量单位	工程量	单价	暂定金额	备注	
▼ 🏛 某职工程服务平台建设工程	□ 🗀 其他项目		1	建筑生活给水系统暂列金额	元				100000		
建筑生活给水工程	□ 暂列金额										
建筑消防给水工程	□ 专业工程暂估价										
建筑雨水排水系统	□ 计日工费用										
建筑水泵房给排水系统	□ 总承包服务费										
	□ 索赔及现场签证										

图 5.1.13

（4）确定措施项目费

在广联达云计价平台 GCCP 中，已根据相关规范规定自动计算施工组织措施费，施工技术措施费需自行计算。单击"安装费用"，勾选需计算的技术措施费费用项，选择正确的"计算规则"，单击"确定"，如图 5.1.14 所示。

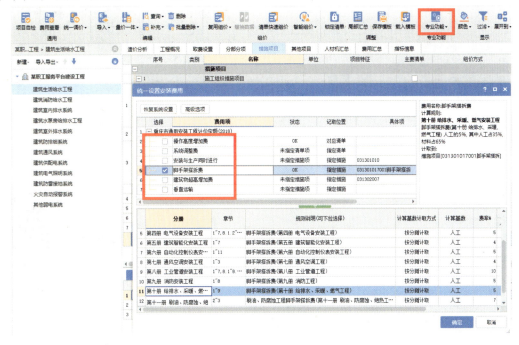

图 5.1.14

（5）调整人材机

①未计价材料询价。安装工程中主材均为未计价材料，需要进行询价。可利用重庆市建设工程造价信息网、广联达"广材助手"软件、厂家询价等方式进行询价，广联达广材助手软件询价方式如图 5.1.15 所示。

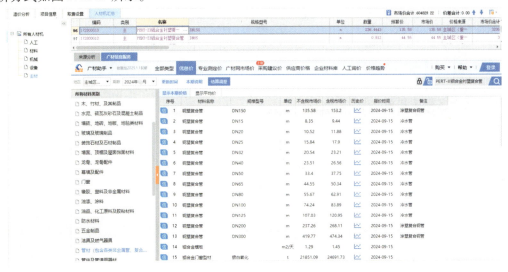

图 5.1.15

②人材机价差调整。调整人材机价差是因为在套价与组价过程中使用的人材机预算单价是定额编制时的基期价格,而不是招标控制价编制时的现行价格。为了准确确定工程造价,需要对人才机的价差进行调整。调价差时可利用"广材助手"软件查询最新人材机信息价,如图5.1.16所示。

图 5.1.16

规费和税金

(6)计取规费和税金

在"费用汇总"栏中有"规费"和"税金",通过设置"计算基数"和"费率"计取规费和税金,如图5.1.17所示。

(7)统一调整人材机及输出格式

单击项目,选择人材机就可以统一调整人材机,如图5.1.18所示。

图 5.1.17

单击"报表",可以查看预算表格。如需导出报表,单击"批量导出 Excel"或"批量导出 PDF",选择报表类型,勾选需要导出的报表,单击"确定"导出,如图5.1.19所示。

图 5.1.18

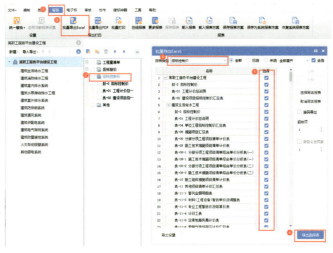

图 5.1.19

（8）生成电子招标文件

依次单击"电子标""生成招标书"，生成招标书。生成标书之前，最好进行自检，以免出现错误，如图5.1.20所示。

图 5.1.20

5.1.5 任务总结

　　计价的关键是正确选用清单,合理套取定额。在计量阶段,根据《通用安装工程工程量计算规范》附录中的项目特征内容、《重庆市通用安装工程计价定额》子目的划分内容,结合施工图中的设计内容,全面准确地描述项目特征,是后续合理套取定额的重要前提。因此,作为造价工程师熟悉规范内容、透彻理解施工图设计含义是非常重要的职业能力之一。

课后任务

　　1.计价练习:请根据电子计算书完成建筑生活给水系统的计价任务。

　　2.人材机预算单价的更新对合理确定招标控制价至关重要。使用 GCCP 编制招标控制价时除了利用"广材助手"软件查询最新人材机信息价外,还有获取这些信息的其他途径吗?

任务 5.2　建筑消防给水系统

素质目标	知识目标	能力目标
(1)通过准确询价和计价,培养良好的职业道德品质和勤勉尽职的职业精神; (2)培养学生总结思考、举一反三的学习习惯; (3)提升工程文本审美素养,培养团队协作精神	掌握广联达云计价平台 GCCP 编制建筑消防给水工程施工图预算的方法	(1)能够依据施工图,按照相关规范,结合地区文件,编制建筑消防给水工程施工图预算; (2)能处理因图纸变更、价格调整等引起的工程造价变化工作

5.2.1　任务信息

本任务是根据《某职工服务平台建设工程项目》施工图及该项目《建筑消防给水系统工程量计算书》(表5.2.1),编制该单位工程招标控制价的建筑消防给水系统部分。

表 5.2.1　建筑消防给水系统工程量计算书(节选)

序号	项目名称	规格型号	计量单位	工程量
1	室内消火栓	SG16E65Z-J(1 800×700×160)DN65	个	34
2	磷酸铵盐手提式干粉灭火器	MF/ABC4	个	78
3	热浸锌镀锌钢管	DN100,沟槽连接	m	340.54
4	DN100 消火栓管道除锈、刷油	除轻锈,刷红色调和漆两道	m²	121.90
5	沟槽弯头	DN100	个	20
6	U 形支架	L 40×4	kg	713.72
7	支架除锈、刷油	除轻锈,刷耐热醇酸面漆两遍	kg	713.72
8	稳压泵	单吸单级离心泵,泵外壳和叶轮等主要部件的材质为不锈钢	台	2
9	柔性防水套管	DN125	个	29

注:本节仅介绍前序计价未涉及的内容,本书已讲解过的内容略。

5.2.2　任务分析

本次任务为使用广联达云计价平台 GCCP 软件,编制《某职工服务平台建设工程项目》建筑消防给水系统部分招标控制价。在前面已完成的计价流程基础上进行编制。

5.2.3 知识链接

编制前,需明确建筑消防给水系统前序计量内容所涉及的专业种类,并仔细查阅所涉及专业的计算规范和计价定额中的说明和要求,才能做到正确选用清单,合理套用定额子目,准确取费。

完成本任务参照的计价定额为《重庆市通用安装工程计价定额 CQAZDE—2018 第九册消防安装工程》中的“A 水灭火系统”。其中,以下工作内容按安装工程其他专业的定额子目执行:

①阀门、法兰安装、各种套管的制作安装,按《重庆市通用安装工程计价定额 CQAZDE—2018 第十册 给排水、燃气工程》相应定额子目执行。

②各种消防泵、稳压泵安装及设备二次灌浆,按《重庆市通用安装工程计价定额 CQAZDE—2018 第一册 机械设备安装工程》相应定额子目执行。

③管道、设备、支架、法兰焊口除锈刷油,按《重庆市通用安装工程计价定额 CQAZDE—2018 第十一册 刷油、防腐蚀、绝热工程》相应定额子目执行。

5.2.4 任务实施

1)新建工程

参照前文“新建工程”的讲解进行设置,本任务略。

2)新建单位工程

新建“建筑消防给水工程”单位工程,填写“工程信息及特征”,如图 5.2.1 所示。

消火栓管道
组价

图 5.2.1

3)计算分部分项工程费

(1)创建分部工程

建筑消防给水系统包含消防设备、消防管道、支架及其他、管道附件等,设置如图 5.2.2 所示。清晰完整的分部工程可以加快检查思路,提高工作效率。

图 5.2.2

（2）设置清单并套取定额

按照《建筑消防给水系统工程量计算书》（节选）的内容，选取合理的清单子目，根据规范中附录的项目特征，结合图纸进行详细的项目特征描述，再根据项目特征描述完整合理地套取定额子目。

①室内消火栓，SG16E65Z-J（1 800×700×160）DN65。根据《通用安装工程工程量计算规范》（GB 50856—2013）"附录 J 消防工程"的规定，室内消火栓清单应选取"J.1 水灭火系统"中的"030901010001 室内消火栓"，根据图纸信息填写其项目特征。

定额选择"CJ0094 室内消火栓安装（暗装）公称直径 ≤65 mm 单栓（带卷盘）"，修改主材名称及规格。室内消火栓的清单及定额编制如图 5.2.3 所示。

编码	类别	名称	项目特征	主要清单	单位	工程量表达式	含量	工程量
☐ 030901010001	项	室内消火栓	[项目特征] 1.安装方式:暗装 2.型号、规格:SG16E65Z-J(1800*700*160),配消防报警按钮, DN65 3.附件材质、规格:消防软管卷盘,消防卷盘由小口径室内消火栓(口径为25mm)、输水胶管(内径19mm)、小口径开关水枪(喷嘴口径为6.8mm)和转盘	☐	套	34		34
☐ CJ0094	定	室内消火栓安装（暗装）公称直径 ≤65mm 单栓(带卷盘)			套	QDL	1	34
230300400@1	主	室内消火栓			套		1	34

图 5.2.3

②磷酸铵盐手提式干粉灭火器，MF/ABC4。根据《通用安装工程工程量计算规范》（GB 50856—2013）"附录 J 消防工程"的规定，磷酸铵盐手提式干粉灭火器清单应选取"J.1 水灭火系统"中的"030901013001 灭火器"，根据图纸信息填写其项目特征。

定额选择"CJ011 灭火器安装 放置式"，修改主材名称及规格。磷酸铵盐手提式干粉灭火器的清单及定额编制如图 5.2.4 所示。

编码	类别	名称	项目特征	主要清单	单位	工程量表达式	含量	工程量
☐ 030901013001	项	磷酸铵盐手提式干粉灭火器	[项目特征] 1.形式:放置式 2.规格、型号:磷酸铵盐手提式干粉灭火器, MF/ABC4	☐	具	78		78
☐ CJ0113	定	灭火器安装 放置式			具	QDL	1	78
230100010	主	灭火器			个		1	78

图 5.2.4

③消火栓管道，热浸锌镀锌钢管，DN100，沟槽连接；沟槽弯头，DN100；DN100 消火栓管道除锈、刷油，除轻锈，刷红色调和漆两道。

根据《通用安装工程工程量计算规范》（GB 50586—2013）"附录 J 消防工程"的规定，消火栓管道清单应选取"J.1 水灭火系统"中的"030901010001 室内消火栓"，根据图纸信息填写其项目特征。

《重庆市通用安装工程计价定额 CQAZDE-2018 第九册 消防安装工程》中规定:"消火栓管道采用钢管(沟槽连接)时,按水喷淋钢管(沟槽连接)相应定额子目执行"。因此,选择定额子目"CJ0018 水喷淋钢管 镀锌钢管(沟槽连接) 公称直径 ≤100 mm",并将主材修改为热浸锌镀锌钢管,规格为 DN100。

"CJ0018 水喷淋钢管 镀锌钢管(沟槽连接) 公称直径 ≤100 mm"工作内容不包含除锈刷油,未满足项目特征描述的工程价值,需套取"CL0013 动力工具除锈 管道 轻锈""CL0068 管道刷油 调和漆 第一遍""CL0069 管道刷油 调和漆 每增一遍"定额,这3条定额单位为"m²",与管道单位"m"不一致,可在"工程量表达式"栏直接输入工程量值。

此条清单共4条定额,若管道安装的项目特征中未描述除锈刷油,但设计和规范要求需进行除锈刷油,也可单独列项套取定额。清单及定额编制如图5.2.5所示。

编码	类别	名称	项目特征	主要清单	单位	工程量表达式	含量	工程量
030901002001	项	消火栓钢管	[项目特征] 1.安装部位:室内 2.材质、规格:热浸锌镀锌钢管,DN100 3.连接形式:沟槽连接 4.压力试验及冲洗设计要求:按图纸设计及现行国家规范执行 5.管道标识设计要求:刷红色调和漆两道	□	m	340.54		340.54
CJ0018	定	水喷淋钢管 镀锌钢管(沟槽连接) 公称直径 ≤100mm			10m	QDL	0.1	34.054
170100900@1	主	热浸锌镀锌钢管			m		10.15	345.6481
CL0013	定	动力工具除锈 管道 轻锈			10m2	121.90	0.035796	12.19
CL0068	定	管道刷油 调和漆 第一遍			10m2	121.90	0.035796	12.19
130101300…	主	红色调和漆两道			kg		1.05	12.7995
CL0069	定	管道刷油 调和漆 每增一遍			10m2	121.90	0.035796	12.19
130101300…	主	红色调和漆两道			kg		0.93	11.3367

图 5.2.5

④U 形支架,角钢40×4;除轻锈,刷耐热醇酸面漆两遍。根据《通用安装工程工程量计算规范》(GB 50856—2013)规定,消防管道上的阀门、管道及设备支架,套管制作安装,应按本规范"附录 K 给排水、采暖、燃气工程"相关项目编码列项。U 形支架清单应选取"K.2 支架及其他"中的"031002001001 管道支吊架",根据图纸信息填写其项目特征。

定额选择"CK0757 给排水、采暖、燃气安装工程 管道支架制作""CK0758 给排水、采暖、燃气安装工程 管道支架安装",修改主材名称及规格、"CL0011 动力工具除锈 一般钢结构 轻锈"、"CL0020 金属结构刷油 一般钢结构 耐酸漆 第一遍"、"CL0021 金属结构刷油 一般钢结构 耐酸漆 第一遍"定额。此条清单共5条定额,清单及定额编制如图5.2.6所示。

编码	类别	名称	项目特征	主要清单	单位	工程量表达式	含量	工程量
031002001002	项	管道支吊架	[项目特征] 1.材质:角钢40*4 2.管架形式:u型支架 3.刷油防腐:除轻锈,刷耐热醇酸面漆两遍	□	kg	713.72		713.72
CK0757	定	给排水、采暖、燃气安装工程 管道支架制作			100kg	QDL	0.01	7.1372
010000010…	主	角钢			kg		.105	749.406
CK0758	定	给排水、采暖、燃气安装工程 管道支架安装			100kg	QDL	0.01	7.1372
CL0011	定	动力工具除锈 一般钢结构 轻锈			100kg	QDL	0.01	7.1372
CL0120	定	金属结构刷油 一般钢结构 耐酸漆 第一遍			100kg	QDL	0.01	7.1372
130101400@1	主	耐热醇酸面漆			kg		0.56	3.9968
CL0121	定	金属结构刷油 一般钢结构 耐酸漆 每增一遍			100kg	QDL	0.01	7.1372
130101400@1	主	耐热醇酸面漆			kg		0.49	3.4972

图 5.2.6

⑤稳压泵,单吸单级离心泵,泵外壳和叶轮等主要部件的材质为不锈钢。根据《通用安装工程工程量计算规范》(GB 50856—2013)规定:机械设备安装工程适用于切削设备,锻压设备,铸造设备,起重设备,起重机轨道、输送设备、电梯、风机、泵、压缩机、工业炉设备、煤气发生设备、其他机械等的设备安装工程。按"附录 A 机械设备安装工程"中"A.9 泵安装",选择"030109001001 离心式泵",根据图纸信息填写其项目特征。

定额选择"CA0704 单级离心泵及离心式耐腐蚀泵 设备质量(t 以内) 0.2",定额未包含主材,需要补充主材,在定额项上单击右键选择"补充"→"人材机",填写主材信息,如图 5.2.7 所示。清单及定额编制如图 5.2.8 所示。

图 5.2.7

编码	类别	名称	项目特征	主要清单	单位	工程量表达式	含量	工程量
030109001001	项	离心式泵	[项目特征] 1.名称:稳压泵 2.型号:25LGW3-10*5 3.规格:N=1.5KW 4.质量:0.2kg	☐	台	2		2
CA0704	定	单级离心泵及离心式耐腐蚀泵 设备质量(t以内) 0.2			台	QDL	1	2
补充主材001	主	稳压泵			台		1	2

图 5.2.8

⑥柔性防水套管,DN125。根据《通用安装工程工程量计算规范》(GB 50856—2013)"附录 K 给排水、采暖、燃气工程"的规定,柔性防水套管清单应选取"K.2 支架及其他"中的"031002003001 套管",根据图纸信息填写其项目特征。定额选择"CK0795 给排水、采暖、燃气安装工程 柔性防水套管制作 公称直径 ≤125 mm""CK0807 给排水、采暖、燃气安装工程 柔性防水套管安装 公称直径 ≤150 mm",修改主材名称及规格。柔性防水套管的清单及定额编制如图 5.2.9 所示。

编码	类别	名称	项目特征	主要清单	单位	工程量表达式	含量	工程量
031002003003	项	套管 柔性防水套管	[项目特征] 1.名称、类型:柔性防水套管 2.材质:焊接钢管 3.规格:DN125 4.填充材质:阻燃密实材料和防水油青填实	☐	个	29		29
CK0795	定	给排水、采暖、燃气安装工程 柔性防水套管制作 公称直径 ≤125mm			个	QDL	1	29
170100450-1@1	主	柔性防水套管			kg		9.72	281.88
CK0807	定	给排水、采暖、燃气安装工程 柔性防水套管安装 公称直径 ≤150mm			个	QDL	1	29

图 5.2.9

后续计价内容与任务 5.1 一致,本任务略。

课后任务

1. 计价练习:请根据电子计算书完成建筑消防给水系统的计价任务。

2. 一方面,消防给水系统工程量的计算通常并入给排水系统工程量的计算;另一方面,在消防给水工程的计价过程中,无论是套选定额还是计算措施费往往都是优先从消防安装工程中选择相关计价依据。对于这种做法,是否合理? 请给出你的分析。

3. 根据确定建筑消防给水单位工程招标控制价操作流程的介绍与学习,结合建筑消防给水系统工程量计算书,使用 GCCP 完成整个单位工程招标控制价的编制,并尝试对确定的工程造价进行结构分析。

任务 5.3　建筑室内排水系统

素质目标	知识目标	能力目标
(1)通过准确询价和计价,培养良好的职业道德品质和勤勉尽职的职业精神; (2)培养学生总结思考、举一反三的学习习惯; (3)提升工程文本审美素养,培养团队协作精神	掌握广联达云计价平台 GCCP 编制建筑室内排水工程施工图预算的方法	(1)能够依据施工图,按照相关规范,结合地区文件,编制建筑室内排水工程施工图预算; (2)能处理因图纸变更、价格调整等引起的工程造价变化工作

5.3.1　任务信息

本任务根据《某职工服务平台建设工程项目》施工图及该项目"建筑室内排水系统工程量计算书"(表 5.3.1),编制该单位工程招标控制价的建筑室内排水系统部分。

表 5.3.1　建筑室内排水系统工程量计算书(节选)

序号	项目名称	规格型号	计量单位	工程量
1	蹲便器	节水型蹲便器,带真空破坏器的自闭式脚踏冲洗阀	个	24
2	地漏	直通式地漏加存水弯,DN100	个	10
3	内螺旋消音塑料排水管	DN150,密封胶圈连接	m	30.17
4	阻火圈	DN150	个	11

注:本任务仅介绍前序计价未涉及的内容,其余本书已讲解过的内容略。

5.3.2　任务分析

本次任务为使用广联达云计价平台 GCCP,编制《某职工服务平台建设工程项目》建筑室内排水系统部分招标控制价。在前面已完成的计价流程基础上进行编制。

5.3.3　知识链接

编制前,需明确建筑室内排水系统前序计量内容所涉及的专业种类,并仔细查阅所涉及专业的计算规范和计价定额中的说明和要求,才能做到正确选用清单,合理套用定额子目,准确取费。

5.3.4 任务实施

1)新建工程及单位工程

参照前文"新建工程"及"新建单位工程"的讲解进行设置,本任务略。

2)计算分部分项工程费

（1）创建分部工程

建筑室内排水系统包含卫生设备、排水管道、支架及其他等,设置如图5.3.1所示。清晰完整的分部工程可以加快检查思路,提高工作效率。

图5.3.1

（2）设置清单并套取定额

按照《建筑室内排水系统工程量计算书(节选)》的内容,选取合理的清单子目,根据规范中附录的项目特征,结合图纸进行详细的项目特征描述,再根据项目特征描述完整合理地套取定额子目。

①蹲便器,节水型蹲便器,带真空破坏器的自闭式脚踏冲洗阀。根据《通用安装工程工程量计算规范》(GB 50856—2013)"附录 K 给排水、采暖、燃气工程"的规定,蹲便器清单应选取"K.4 卫生器具"中的"031004006001 大便器",根据图纸信息填写其项目特征。

定额选择"CK1414 蹲式大便器安装 脚踏阀",修改主材名称及规格,清单及定额编制如图5.3.2所示。

编码	类别	名称	项目特征	主要清单	单位	工程量表达式	含量	工程量
─ 031004006001	项	大便器	[项目特征] 1.材质:节水型蹲便器 2.附件名称、数量:带真空破坏器的自闭式脚踏冲洗阀	☐	组	24		24
─ CK1414	定	蹲式大便器安装 脚踏阀			10组	QDL	0.1	2.4
— 211500010@1	主	节水型蹲便器			个		10.1	24.24
— 030760010@1	主	带真空破坏器的自闭式脚踏冲洗阀			个		10.1	24.24

图5.3.2

②地漏,直通式地漏加存水弯,DN100。根据《通用安装工程工程量计算规范》(GB 50856—2013)"附录 K 给排水、采暖、燃气工程"的规定,地漏清单应选取"K.4 卫生器具"中的"031004014001 给、排水附(配)件",根据图纸信息填写其项目特征。

定额选择"CK1463 塑料、铸铁地漏 100",修改主材名称及规格,清单及定额编制如图5.3.3所示。

③内螺旋消音塑料排水管,DN150,密封胶圈连接;阻火圈,DN150。根据《通用安装工程工程量计算规范》(GB 50856—2013)"附录 K 给排水、采暖、燃气工程"的规定,内螺旋消音塑料排水管清单应选取"K.1 给排水、采暖、燃气工程"中的"031001006001 塑料管",根据图纸信息填写其项目特征。

编码	类别	名称	项目特征	主要清单	单位	工程量表达式	含量	工程量
☐ 031004014001	项	给、排水附(配)件　直通式地漏	[项目特征] 1.型号、规格:直通式地漏加存水弯,DN100	☐	组	10		10
☐ CK1463	定	塑料、铸铁地漏 100			10个	QDL	0.1	1
030720510①1	主	直通式地漏加存水弯			个		10.1	10.1

图 5.3.3

密封胶圈连接的 DN150 内螺旋消音塑料排水管,在定额中并无完全匹配的定额子目。选择工艺接近的定额子目"CK0537 室内承插塑料排水管(螺母密封圈连接)",并将主材替换成内螺旋消音塑料排水管及内螺旋消音塑料排水管管件。阻火圈在内螺旋消音塑料排水管清单下套取定额"CK0854 排水管阻火圈 公称直径 ≤75 mm",阻火圈工程量直接在"工程量表达式"栏输入,清单及定额编制如图 5.3.4 所示。

编码	类别	名称	项目特征	主要清单	单位	工程量表达式	含量	工程量
☐ 031001006001	项	塑料管	[项目特征] 1.安装部位:室内 2.介质:污水 3.材质、规格:内螺旋消音塑料排水管,DN50 4.连接形式:密封胶圈连接 5.阻火圈设计要求:按图纸及现行国家规范执行 压力试验及吹、洗设计要求:水冲洗按图纸及现行国家规范执行	☐	m	30.17		30.17
☐ CK0537	定	室内承插塑料排水管(螺母密封圈连接) 公称外径 ≤50mm			10m	QDL	0.1	3.017
172504970	主	硬聚氯乙烯螺旋排水管			m		10.12	30.532
180912100	主	硬聚氯乙烯螺旋排水管管件			个		6.9	20.8173
☐ CK0854	定	排水管阻火圈 公称直径 ≤75mm			个	11	0.364601	11
155900010	主	阻火圈			个		1	11

图 5.3.4

后续计价内容与任务 5.1 一致,本任务略。

课后任务

1.计价练习:请根据电子计算书完成建筑室内排水系统的计价任务。

2.根据确定建筑室内排水单位工程招标控制价操作流程的介绍与学习,请结合建筑室内排水系统工程量计算书,使用广联达计价软件 GCCP 完成整个单位工程招标控制价的编制,并与任务 5.1 建筑生活给水系统、5.2 建筑消防给水系统两个单位工程招标控制价进行简单的造价结构比较分析。

任务 5.4　水泵房给排水系统

素质目标	知识目标	能力目标
（1）通过准确询价和计价，培养良好的职业道德品质和勤勉尽职的职业精神； （2）培养学生总结思考、举一反三的学习习惯； （3）提升工程文本审美素养，培养团队协作精神	掌握利用广联达云计价平台GCCP编制水泵房工程施工图预算的方法	（1）能够依据施工图，按照相关规范，结合地区文件，编制水泵房施工图预算； （2）能处理因图纸变更、价格调整等引起的工程造价变化工作

5.4.1　任务信息

根据《某职工服务平台建设工程项目》施工图及该项目"水泵房工程量计算书"（表5.4.1），编制该单位工程招标控制价水泵房部分。

表 5.4.1　水泵房工程量计算书

序号	项目名称	规格型号	单位	工程量
1	内外壁热镀锌钢管	DN250，法兰连接	m	15.4
		除轻锈，刷红色调和漆两道	m²	13.20
2	室内消火栓给水泵	XBD0.60/15-80D/3-W，$Q=15$ L/s，$H=60$ m，$N=15$ kW，$n=1\,450$ r/min。基础隔振器采用 JSD 型橡胶隔振器	台	2
3	湿式报警阀组	ZZS 系列，ZSFZX150 $P=1.6$ MPa	组	1
4	压力表	表直径 100 mm、连接管 6 mm、含存水弯管和旋塞	块	4
5	柔性软接头	DN100	个	2
6	水锤消除器	DN100	套	2

注：本任务仅介绍前序计价未涉及的内容，其余本书已讲解过的内容略。

其余详见电子计算书。

5.4.2　任务分析

本次任务为使用广联达云计价平台 GCCP 编制该单位工程招标控制价。可按照以下流程进行：新建工程，进行相关设置；计算分部分项工程费；计算其他项目费；计算措施项目费；计取规费和增值税；输出报表。

5.4.3　知识链接

编制前,需明确本工程前序计量内容所涉及的专业种类,并仔细查阅所涉及专业的计算规范和计价定额中的说明和要求,才能做到正确选用清单,合理套用定额子目,准确取费。

5.4.4　任务实施

1)新建工程

参照前文"新建工程"的讲解进行设置,本任务略。

2)计算分部分项工程费

(1)创建分部工程

水泵房包含管道、管道附件、水灭火系统、泵安装、刷油工程,设置如图 5.4.1 所示。清晰完整的分部工程可以加快检查思路,提高工作效率。

图 5.4.1

(2)设置清单并套取定额

按照《水泵房工程量计算书》的内容,选取合理的清单子目,根据规范中附录的项目特征,结合图纸进行详细的项目特征描述。再根据项目特征描述完整合理地套取定额子目。

①内外壁热镀锌钢管 DN250 法兰连接 15.4 m,除轻锈,刷红色调和漆两道 13.20 m^2。根据《重庆市通用安装工程计价定额 CQAZDE—2018 第十册 给排水、采暖、燃气工程》说明规定:消防泵房的管道按《重庆市通用安装工程计价定额 第八册 工业管道工程》相应定额子目执行。根据选取原则,当没有完全一致的清单或定额子目时,选取材质和连接方式最接近的条目,因此清单选择"030801003001 衬里钢管安装",定额选择"CH0090 成品衬里钢管安装(法兰连接)公称直径 ≤250 mm",项目特征描述等信息如图 5.4.2 所示。主材需替换为实际使用的内外壁热镀锌钢管,单击"编辑主材名称"对话框,设置其规格信息,规格是计价阶段主材询价的重要依据,因此能唯一确定材料单价是描述的原则。"CH0090 成品衬里干管安装"工作内容不包含除锈刷油,未满足项目特征描述的工程价值,需套取"CL0013 动力工具除锈 管道 轻锈""CL0068 管道刷油 调和漆 第一遍"、"CL0069 管道刷油 调和漆 每增一遍"定额,此条清单共 4 条定额。若管道安装的项目特征中未描述除锈刷油,但设计和规范要求需进行除锈刷油,也可单独列项套取定额。

②室内消火栓给水泵 XBD0.60/15-80D/3-W,$Q=15$ L/s ,$H=60$ m,$N=15$ kW,$n=1\ 450$ r/min 2 台。

编码	类别	名称	项目特征	主要清单	单位	工程量表达式	含量	工程量
□ C		消防管道		☐				
□ 030801003001	项	衬里钢管预制安装	[项目特征] 1.材质:内外壁热镀锌钢管 2.规格:DN250 3.输送介质:消防给水 4.安装方式:(预制安装或成品管道)成品管道 5.连接形式:法兰连接 6.压力试验、吹扫与清洗设计要求:满足规范和设计要求 7.其他:除轻锈,刷红色调和漆两道	☐	m	15.4		15.4
□ CHD090	定	成品衬里钢管安装(法兰连接) 公称直径≤250mm			10m	QDL	0.1	1.54
172300200①1	主	内外壁热镀锌钢管			m		10	15.4
CLD013	定	动力工具除锈 管道 轻锈			10m2	13.2	0.085714	1.32
□ CLD068	定	管道刷油 调和漆 第一遍			10m2	13.2	0.085714	1.32
130101300-1	主	酚醛调和漆			kg		1.05	1.386
□ CLD069	定	管道刷油 调和漆 每增一遍			10m2	13.2	0.085714	1.32
130101300-1	主	酚醛调和漆			kg		0.93	1.2276

图 5.4.2

根据《重庆市通用安装工程计价定额 第九册 消防安装工程》的相关规定:各种消防泵安装按《重庆市通用安装工程计价定额 第一册 机械设备安装工程》相应定额子目执行。清单选择"030109001001 离心式泵"。扬程 125 m 以内通常为单级泵,本清单项目水泵扬程为 60 m,定额选择"CA0704 单级离心泵及离心式耐腐蚀泵 设备质量(t 以内) 0.2",本条定额无水泵主材,需补充主材信息,软件成果如图 5.4.3 所示。选择定额时,若设备参数信息不清需书面向设计提出疑问。

编码	类别	名称	项目特征	主要清单	单位	工程量表达式	含量	工程量
□ C		消防设备		☐				
□ 030109001001	项	离心式泵	[项目特征] 1.名称:室内消火栓给水泵 2.型号:XBD0.60/15-60D/3-W,Q=15 L/s,H=60m,N=15kW;n=1450r/min 3.质量:0.2t 4.减振底座形式、数量:采用JSD型橡胶隔振器	☐	台	2		2
CA0704	定	单级离心泵及离心式耐腐蚀泵 设备质量(t以内) 0.2			台	QDL	1	2
补充主材001	主	离心式泵			台		1	2

补充人材机 ✕

编码: 补充主材001   类别: 主材

名称: 离心式泵   规格: =15 L/s ,H=60m, N=15kW, n=1450r/min

单位: 台   含量: 1

单价: 0   ☐ 暂估

插入   替换   取消

工程   反查图形工程量   说明信息

图 5.4.3

③湿式报警阀组 ZZS 系列,ZSFZX150 P=1.6 MPa 1 组。湿式报警阀组属于《重庆市通用安装工程计价定额 第九册消防安装工程》计价定额中水灭火系统下"030901004 报警装置"清单子目,定额选取"CJ0054 湿式报警阀 公称直径≤150 mm",此条定额包含 2 种主材,需根据项目特征进行主材规格的描述。软件成果如图 5.4.4 所示。

后续计价内容与任务 5.1 一致,本任务略。

编码	类别	名称	项目特征	主要清单	单位	工程量表达式	含量	工程量
□ C		管道附件		☐				
□ 030901004001	项	报警装置　…	[项目特征] 1.名称:湿式报警阀组 2.型号、规格:ZZS系列, ZSFZX150 P=1.6MPa	☐	组	1		1
□ CJ0054	定	湿式报警装置安装 公称直径 ≤150mm			组	QDL	1	1
─ 233900100	主	湿式报警装置			套		1	1
─ 201100800	主	沟槽法兰			片		2	2

图 5.4.4

课后任务

1.计价练习:请根据电子计算书完成泵房的计价任务。

2.科学套价与组价是合理确定招标控制价的基础。在套价与组价过程中,应该注意的主要事项有哪些?

任务 5.5　室外给排水系统

素质目标	知识目标	能力目标
（1）通过准确询价和计价，培养良好的职业道德品质和勤勉尽职的职业精神； （2）培养学生总结思考、举一反三的学习习惯； （3）提升工程文本审美素养，培养团队协作精神	掌握利用广联达云计价平台GCCP编制室外给排水工程施工图预算的方法	（1）能够依据施工图，按照相关规范，结合地区文件，编制室外给排水施工图预算； （2）能处理因图纸变更、价格调整等引起的工程造价变化工作

5.5.1　任务信息

根据《某职工服务平台建设工程项目》施工图及该项目"室外给排水工程量计算书"（表5.5.1），编制该单位工程招标控制价的室外给排水工程部分。

表5.5.1　室外给排水工程量计算书

序号	项目名称	规格型号	单位	工程量
1	铝合金衬塑复合给水管	DN150，热熔承插连接	m	219.94
2	法兰水表组	DN100，包含闸阀2个、放水龙头、倒流防止器、水表、橡胶接头、Y形过滤器、法兰片2片	组	2
3	法兰片	DN150，焊接法兰	副	8
4	消火栓系统地上式水泵接合器	型号SQS100-1.6，附件包含水泵接合器本体、泄水阀、安全阀、闸阀，每套流量为10 L/s	套	2

注：本节仅介绍前序计价讲未涉及的内容，其余本书已讲解过的内容略。

其余详见电子计算书。

5.5.2　任务分析

本任务为使用广联达云计价平台GCCP，编制该单位工程室外给排水招标控制价。可按照以下流程进行：新建工程，进行相关设置；计算分部分项工程费；计算其他项目费；计算措施项目费；计取规费和增值税；输出报表。

5.5.3　知识链接

编制前，需明确本工程前序计量内容所涉及的专业种类，并仔细查阅所涉及专业的计算规范和计价定额中的说明和要求，才能做到正确选用清单，合理套用定额子目，准确取费。

5.5.4　任务实施

1)新建工程

参照前文"新建工程"的讲解进行设置,本任务略。

2)计算分部分项工程费

(1)创建分部工程

水泵房包含管道、管道附件、水灭火系统、泵安装、刷油工程,软件成果如图5.5.1所示。

图 5.5.1

(2)设置清单并套取定额

按照《室外给排水工程量计算书》的内容,选取合理的清单子目,根据规范附录的项目特征合理套取定额子目。

①铝合金衬塑复合给水管,DN150,热熔承插连接,219.94 m。清单选择"031001007001 复合管",定额无相同材质,选择连接工艺和材质最接近的"CK0611 室外塑铝稳态管(热熔连接)公称外径 ≤160 mm",主材需替换为实际使用的铝合金衬塑复合给水管,设置规格为DN150。软件成果如图5.5.2所示。

编码	类别	名称	项目特征	主要清单	单位	工程量表达式	含量	工程量
⊟ 031001007001	项	复合管	[项目特征] 1. 安装部位:室外 2. 介质:给水 3. 材质、规格:铝合金衬塑复合给水管 DN150 4. 连接形式:热熔承插链接 5. 压力试验及吹、洗设计要求:满足规范和设计要求	□	m	219.94		219.94
⊟ CK0611	定	室外塑铝稳态管(热熔连接) 公称外径 ≤160mm			10m	QDL	0.1	21.994
172800010@1	主	铝合金衬塑复合给水管			m		10.15	223.2391
183105400@1	主	铝合金衬塑复合给水管管件(综合)			个		0.79	17.3753

图 5.5.2

②法兰水表组 DN100,包含闸阀 2 个、放水龙头、倒流防止器、水表、橡胶接头、Y 形过滤器、法兰 2 片,2 组。清单选择"031003013 001 水表"。定额选择"CK1297 法兰水表组安装(无旁通管)公称直径≤150 mm"。根据项目特征描述,删除主材"法兰止回阀",增加主材"倒流防止器、Y 形过滤器",注意选择正确的主材单位,并设置所有主材规格。软件成果如图5.5.3所示。

③法兰片,DN150,焊接法兰,8 副。清单选择"031003011 001 法兰",定额选择"CK1207碳钢平焊法兰安装 公称直径≤150 mm"。国标清单中法兰有两个计量单位"副"和"片",需结合工程所在地计价定额中的单位进行选择,本工程所在地重庆的计价定额中法兰的单位为"副",因此清单单位选择"副"更加便于计量计价。若国标清单中的单位与工程所在地计价定

185

额不一致,需按照清单的计量单位将定额计量单位进行分摊计算,软件成果如图5.5.4所示。

编码	类别	名称	项目特征	主要清单	单位	工程量表达式	含量	工程量
1	□ 031003013001	项	水表	[项目特征] 1. 安装部位(室内外):室外 2. 型号、规格:DN100 3. 连接形式:法兰连接 4. 附件配置:闸阀2个、放水龙头、倒流防止器、水表、橡胶接头、Y形过滤器、法兰2片	□	组	2		2
	□ CK1297	定	法兰水表组安装(无旁通管) 公称直径≤150mm			组	QDL	1	2
	240100010	主	法兰水表			个		1	2
	190300010	主	法兰闸阀			个		2	4
	182102000-1	主	法兰挠性接头			个		1	2
	200103800	主	平焊法兰			片		2	4
	补充主材001	主	倒流防止器			个		1	2
	补充主材002	主	Y形过滤器			个		1	2

图5.5.3

编码	类别	名称	项目特征	主要清单	单位	工程量表达式	含量	工程量
□ 031003011001	项	法兰	[项目特征] 1. 材质:碳钢法兰 2. 规格、压力等级:DN150	□	副	8		8
□ CK1207	定	碳钢平焊法兰安装 公称直径 ≤150mm			副	QDL	1	8
200000010	主	法兰			个		2	16

图5.5.4

④消火栓系统地上式水泵接合器,型号为 SQS100-1.6,附件包含水泵接合器本体、泄水阀、安全阀、闸阀,每套流量为 10 L/s ,2套。清单选择"030901012001 消防水泵接合器",定额选择"CJ018 水泵接合器安装 地上式 100"。主材为成套计量,无需增加主材,在项目特征中详细描述即可,后续根据描述询价。软件成果如图5.5.5所示。

编码	类别	名称	项目特征	主要清单	单位	工程量表达式	含量	工程量
□ 030901012001	项	消防水泵接合器	[项目特征] 1. 安装部位:地上 2. 型号、规格:SQS100-1.6 3. 附件材质、规格:水泵接合器本体、安全阀、泄水阀、闸阀	□	套	2		2
□ CJ0108	定	水泵接合器安装 地上式 100			套	QDL	1	2
230500010	主	消防水泵接合器			套		1	2

图5.5.5

后续计价内容与任务5.1一致,本任务略。

5.5.5 任务总结

未计价材料在安装工程造价中占比较大,需准确描述其规格型号,便于询价阶段询价。定额中的主材并非完全与项目一致,需根据设计要求进行增减。

课后任务

计价练习:请根据电子计算书完成室外给排水工程的计价任务。

模块 **6**

建筑暖通工程计价

任务6.1　建筑防排烟系统

素质目标	知识目标	能力目标
（1）通过准确询价和计价，培养良好的职业道德品质和勤勉尽职的职业精神； （2）培养学生总结思考、举一反三的学习习惯； （3）提升工程文本审美素养，培养团队协作精神	掌握利用广联达云计价平台GCCP编制建筑防排烟工程施工图预算的方法	（1）能够依据施工图，按照相关规范，结合地区文件，编制建筑防排烟工程施工图预算； （2）能处理因图纸变更、价格调整等引起的工程造价变化工作

6.1.1　任务信息

本任务是根据《某职工服务平台建设工程项目》施工图及该项目"建筑防排烟系统工程量计算书（节选）"，如表6.1.1所示，编制该单位工程招标控制价的建筑防排烟系统部分。

表6.1.1　建筑防排烟系统工程量计算书（节选）

序号	项目名称	规格型号	计量单位	工程量
1	轴流式消防高温排烟风机 P（Y）-B1-1	HTF-Ⅱ-7：$L = 20\ 784$ m³/h，$P = 676$ Pa，$n = 1\ 450$ r/min，$N = 8$ kW（消防时排烟）；$L = 13\ 856$ m³/h，$P = 296$ Pa，$n = 960$ r/min，$N = 6.5$ kW（平时排风），$G = 110$ kg	台	1
2	280 ℃防火阀（常开）	$\phi 1\ 000$	个	1
3	防火软接头	$\phi 700$	m²	0.88
4	阻抗复合式消声器	$1\ 000 \times 1\ 600 \times 400$	个	1

续表

序号	项目名称	规格型号	计量单位	工程量
5	单层百叶风口(带阀)	碳钢材质,900×200	个	10
6	镀锌钢板风管	$\phi1\,000,\delta=1.0$,咬口连接	m²	3.39

注:本节仅介绍前序计价未涉及的内容,其余本书已讲解过的内容略。

6.1.2 任务分析

本任务为使用广联达云计价平台GCCP,编制《某职工服务平台建设工程项目》建筑防排烟系统部分招标控制价。在前面已完成的计价流程基础上进行编制。

6.1.3 知识链接

编制前,需明确建筑防排烟系统前序计量内容所涉及的专业种类,并仔细查阅所涉及专业的计算规范和计价定额中的说明和要求,才能做到正确选用清单,合理套用定额子目,准确取费。

6.1.4 任务实施

1)新建工程

参照前文"新建工程"的讲解进行设置,本任务略。

2)新建单位工程

新建"建筑防排烟系统"单位工程,填写"工程信息及特征",如图6.1.1所示。

图6.1.1

3)计算分部分项工程费

(1)创建分部工程

建筑防排烟系统包含通风及空调设备及部件制作安装、通风管道制作安装、通风管道部件制作安装,设置如图6.1.2所示。

图 6.1.2

（2）设置清单并套取定额

按照《建筑防排烟系统工程量计算书（节选）》的内容，选取合理的清单子目，根据规范中附录的项目特征，结合图纸进行详细的项目特征描述，再根据项目特征描述完整合理的套取定额子目。

①轴流式消防高温排烟风机。P（Y）-B1-1,HTF-Ⅱ-7：$L = 20\ 784$ m^3/h, $H = 676$ Pa, $n = 1\ 450$ r/min, $N = 8$ kW（消防时排烟）；$L = 13\ 856$ m^3/h, $H = 296$ Pa, $n = 960$ r/min, $N = 6.5$ kW（平时排风）, $G = 110$ kg。

《通用安装工程工程量计算规范》（GB 50856—2013）规定：机械设备安装工程适用于切削设备，锻压设备，铸造设备，起重设备，起重机轨道、输送设备、电梯、风机、泵、压缩机、工业炉设备、煤气发生设备、其他机械等的设备安装工程。按"附录 A 机械设备安装工程"中"A.8 风机安装"，选择"030108003001 轴流通风机"，根据图纸信息填写其项目特征。

定额选择"CA0604 轴流通风机设备质量（t 以内）15"，定额未包含主材，需要补充主材，清单及定额编制如图 6.1.3 所示。

编码	类别	名称	项目特征	主要清单	单位	工程量表达式	含量	工程量
030108003001	项	轴流通风机 轴流式消防高温排烟风机	[项目特征] 1. 名称:轴流式消防高温排烟风机: P(Y)-B1-1 2. 型号:HTF-II-7 3. 规格:L=20784m3/h H=676Pa n=1450r/min =8KW(消防时排烟) L=13856m3/h H=296Pa n=960r/min H=6.5KW(平时排风) 4. 质量:G=110Kg	☐	台	1		1
CA0604	定	轴流通风机 设备质量(t以内) 15			台	QDL	1	1
补充主材001	主	轴流式消防高温排烟风机			台		1	1

图 6.1.3

②280 ℃防火阀（常开）, $\phi 1\ 000$。根据《通用安装工程工程量计算规范》（GB 50856—2013）"附录 G 通风空调工程"规定，280 ℃防火阀（常开）选择"G.3 通风管道部件制作安装"中"030703001001 碳钢阀门"，根据图纸信息填写其项目特征。

定额选择"CG0316 碳钢调节阀安装 风管防火阀周长（mm）≤3 600"，修改主材名称及规格，清单及定额编制如图 6.1.4 所示。

编码	类别	名称	项目特征	主要清单	单位	工程量表达式	含量	工程量
C		通风管道部件制作安装		☐				
030703001001	项	碳钢阀门	[项目特征] 1. 名称:280℃防火阀（常开） 2. 规格:φ1000	☐	个	1		1
CG0316	定	碳钢调节阀安装 风管防火阀周长(mm)≤3600			个	QDL	1	1
225301200@3	主	280℃防火阀（常开）			个		1	1

图 6.1.4

③防火软接头，φ700。根据《通用安装工程工程量计算规范》（GB 50856—2013）"附录 G 通风空调工程"规定，防火软接头选择"G.3 通风管道部件制作安装"中"030703019001 柔性接口"，根据图纸信息填写其项目特征。

定额选择"CG0474 软管接口"，修改主材名称及规格，清单及定额编制如图 6.1.5 所示。

编码	类别	名称	项目特征	主要清单	单位	工程量表达式	含量	工程量
⊟ 030703019001	项	柔性接口	[项目特征] 1. 名称:防火软接头 2. 规格: Φ 700 3. 材质:不燃布	☐	m2	0.88		0.88
⊟ CG0474	定	软管接口			m2	QDL	1	0.88
023100010@1	主	不燃布			m2		1.15	1.012

图 6.1.5

④阻抗复合式消声器，1 000×1 600×400。根据《通用安装工程工程量计算规范》（GB 50856—2013）"附录 G 通风空调工程"规定，阻抗复合式消声器选择"G.3 通风管道部件制作安装"中"030703020001 消声器"，根据图纸信息填写其项目特征。

定额选择"CG0481 阻抗式消声器安装周长（mm）≤2 200"，定额未包含主材，需要补充主材，清单及定额编制如图 6.1.6 所示。

编码	类别	名称	项目特征	主要清单	单位	工程量表达式	含量	工程量
⊟ 030703020001	项	消声器	[项目特征] 1. 名称:阻抗复合式消声器 2. 规格:1000*1600*400	☐	个	1		1
CG0481	定	阻抗式消声器安装周长(mm) ≤2200			节	QDL	1	1
补充主材002@1	主	阻抗复合式消声器			个	1	1	1

图 6.1.6

⑤单层百叶风口（带阀），碳钢，900×200。根据《通用安装工程工程量计算规范》（GB 50856—2013）"附录 G 通风空调工程"规定，碳钢单层百叶风口（带阀）选择"G.3 通风管道部件制作安装"中"030703007001 碳钢风口、散流器、百叶窗"，根据图纸信息填写其项目特征。

定额选择"CG0325 碳钢风口安装 百叶风口安装周长（mm）≤1 280"，修改主材名称及规格，清单及定额编制如图 6.1.7 所示。

编码	类别	名称	项目特征	主要清单	单位	工程量表达式	含量	工程量
⊟ 030703007001	项	碳钢风口、散流器、百叶窗	[项目特征] 1. 名称:碳钢单层百叶风口(带阀) 2. 规格:900*200	☐	个	10		10
⊟ CG0325	定	碳钢风口安装 百叶风口安装周长(mm)≤1280			个	QDL	1	10
224101200@4	主	碳钢单层百叶风口(带阀)			个		1	10

图 6.1.7

⑥镀锌钢板风管，φ1 000，δ=1.0，咬口连接。根据《通用安装工程工程量计算规范》（GB 50856—2013）"附录 G 通风空调工程"规定，镀锌钢板风管选择"G.2 通风管道制作安装"中"030702001001 碳钢通风管道"，根据图纸信息填写其项目特征。

定额选择"CG0147 镀锌薄钢板圆形风管（δ=1.2 mm 以内咬口）直径（mm）≤1 000"，修改主材名称及规格，清单及定额编制如图 6.1.8 所示。

编码	类别	名称	项目特征	主要清单	单位	工程量表达式	含量	工程量
⊟ C		**通风管道制作安装**		☐				
⊟ 030702001001	项	碳钢通风管道	[项目特征] 1.名称:镀锌钢板风管 2.材质:镀锌钢板风管 3.形状:圆形 4.规格:Φ1000 5.板材厚度:δ=1.0 6.接口形式:咬口连接	☐	m2	3.39		3.39
⊟ CG0147	定	镀锌薄钢板圆形风管(δ=1.2mm以内咬口)直径(mm) ≤1000			10m2	QDL	0.1	0.339
— 012902250-1	主	镀锌薄钢板			m2		11.38	3.8578
— 012100370-1	主	角钢			kg		32.71	11.0887
— 012100380-1	主	角钢			kg		2.33	0.7899
— 011300070-1	主	扁钢			kg		2.15	0.7289
— 010900017-1	主	圆钢			kg		0.75	0.2543
— 010900027-1	主	圆钢			kg		1.21	0.4102

图 6.1.8

后续计价内容与任务 5.1 一致,本任务略。

课后任务

1.计价练习:请根据电子计算书完成建筑防排烟系统的计价任务。

2.选准定额进行套价与组价是合理确定工程造价的重要基础。要做到这一点,除了要坚持教材中总结的 5 个优先级原则,还需要注意的事项有哪些? 请结合软件编制预算的操作流程简要总结。

任务6.2　建筑通风系统

素质目标	知识目标	能力目标
（1）通过准确询价和计价，培养良好的职业道德品质和勤勉尽职的职业精神； （2）培养学生总结思考、举一反三的学习习惯； （3）提升工程文本审美素养，培养团队协作精神	掌握利用广联达云计价平台GCCP编制建筑通风工程施工图预算的方法	（1）能够依据施工图，按照相关规范，结合地区文件，编制建筑通风工程施工图预算； （2）能处理因图纸变更、价格调整等引起的工程造价变化工作

6.2.1　任务信息

本任务是根据《某职工服务平台建设工程项目》施工图及该项目"建筑通风系统工程量计算书（节选）"（表6.2.1），编制该单位工程招标控制价的建筑通风系统部分。

表6.2.1　建筑通风系统工程量计算书（节选）

序号	项目名称	规格型号	计量单位	工程量
1	送风机（兼火灾补风）SJ-B1-1	SWF-Ⅰ-6.5，落地安装，$L = 12\ 255\ \mathrm{m^3/h}$，$P = 350\ \mathrm{Pa}$，$n=1\ 450\ \mathrm{r/min}$，$N=2.2\ \mathrm{kW}$，$G=116\ \mathrm{kg}$	台	1
2	70 ℃电动防火阀	800×250	个	1
3	70 ℃防火百叶风口	2 400×2 100（H）	个	1
4	防雨百叶风口	1 800×1 400	个	1
5	镀锌钢板风管	1 250×320，$\delta=1.0$，咬口连接	$\mathrm{m^2}$	3.08

注：本节仅介绍前序计价未涉及的内容，其余本书已讲解过的内容略。

6.2.2　任务分析

本次任务为使用广联达云计价平台GCCP，编制《某职工服务平台建设工程项目》建筑通风系统部分招标控制价。在前面完成的计价流程基础上进行编制。

6.2.3　知识链接

编制前，需明确建筑通风系统前序计量内容所涉及的专业种类，并仔细查阅所涉及专业的计算规范和计价定额中的说明和要求，才能做到正确选用清单，合理套用定额子目，准确取费。

6.2.4　任务实施

1) 新建工程及单位工程

参照 6.1.4 小节"新建工程""新建单位工程"讲解进行设置,本任务略。

2) 计算分部分项工程费

(1) 创建分部工程

建筑通风系统包含通风及空调设备及部件制作安装、通风管道制作安装、通风管道部件制作安装,设置如图 6.2.1 所示。

图 6.2.1

(2) 设置清单并套取定额

按照《建筑通风系统工程量计算书(节选)》的内容,选取合理的清单子目,根据规范中附录的项目特征,结合图纸进行详细的项目特征描述,再根据项目特征描述完整合理的套取定额子目。

①送风机(兼火灾补风)SJ-B1-1 SWF-Ⅰ-6.5,落地安装,$L = 12\ 255\ \mathrm{m^3/h}$,$H = 350\ \mathrm{Pa}$,$n = 1\ 450\ \mathrm{r/min}$,$N = 2.2\ \mathrm{kW}$,$G = 116\ \mathrm{kg}$。

根据《通用安装工程工程量计算规范》(GB 50856—2013)规定,按"附录 A 机械设备安装工程"中"A.8 风机安装",选择"030108003001 轴流通风机",根据图纸信息填写其项目特征。

定额选择"CA0604 轴流通风机 设备质量(t 以内) 15",定额未包含主材,需要补充主材,清单及定额编制如图 6.2.2 所示。

编码	类别	名称	项目特征	主要清单	单位	工程量表达式	含量	工程量
─ 030108003002	项	轴流通风机 轴流式消防高温排烟风机	[项目特征] 1.名称:送风机(兼火灾补风)SJ-B1-1 2.型号:SWF-I-6.5 3.规格:落地安装,L=12255m3/h,H=350Pa; n=1450r/min N=2.2KW 4.质量:G=116Kg	☐	台	1		1
─ CA0604	定	轴流通风机 设备质量(t以内) 15			台	QDL	1	1
补充主材001@1	主	送风机(兼火灾补风)SJ-B1-1			台		1	

图 6.2.2

②70 ℃电动防火阀,800×250。根据《通用安装工程工程量计算规范》(GB 50856—2013)"附录 G 通风空调工程"规定,70 ℃电动防火阀选择"G.3 通风管道部件制作安装"中"030703001001 碳钢阀门",根据图纸信息填写其项目特征。

定额选择"CG0315 碳钢调节阀安装 风管防火阀周长(mm) ≤2 200",修改主材名称及规格,清单及定额编制如图 6.2.3 所示。

编码	类别	名称	项目特征	主要清单	单位	工程量表达式	含量	工程量
☐ C		通风管道部件制作安装		☐				
☐ 030703001001	项	碳钢阀门	[项目特征] 1.名称:70℃电动防火阀 2.规格:800*250	☐	个	1		1
☐ CG0315	定	碳钢调节阀安装 风管防火阀周长(mm)≤2200			个	QDL	1	1
225301200@2	主	70℃电动防火阀			个		1	1

图 6.2.3

③70 ℃防火百叶风口,2 400×2 100(H)。根据《通用安装工程工程量计算规范》(GB 50856—2013)"附录 G 通风空调工程"规定,70 ℃防火百叶风口选择"G.3 通风管道部件制作安装"中"030703007001 碳钢风口、散流器、百叶窗",根据图纸信息填写其项目特征。

定额选择"CG0329 碳钢风口安装 百叶风口安装周长(mm) ≤4 800",修改主材名称及规格,清单及定额编制如图 6.2.4 所示。

编码	类别	名称	项目特征	主要清单	单位	工程量表达式	含量	工程量
☐ 030703007001	项	碳钢风口、散流器、百叶窗	[项目特征] 1.名称:70℃防火百叶风口 2.规格:2400*2100(H)	☐	个	1		1
☐ CG0329	定	碳钢风口安装 百叶风口安装周长(mm)≤4800			个	QDL	1	1
224101200@2	主	70℃防火百叶风口			个		1	1

图 6.2.4

④防雨百叶风口,1 800×1 400。根据《通用安装工程工程量计算规范》(GB 50856—2013)"附录 G 通风空调工程"规定,碳钢单层百叶风口(带阀)选择"G.3 通风管道部件制作安装"中"030703007002 碳钢风口、散流器、百叶窗",根据图纸信息填写其项目特征。

定额选择"CG0325 碳钢风口安装 百叶风口安装周长(mm) ≤3 300",修改主材名称及规格,清单及定额编制如图 6.2.5 所示。

编码	类别	名称	项目特征	主要清单	单位	工程量表达式	含量	工程量
☐ 030703007002	项	碳钢风口、散流器、百叶窗	[项目特征] 1.名称:防雨百叶风口(带阀) 2.规格:1800*1400	☐	个	1		1
☐ CG0328	定	碳钢风口安装 百叶风口安装周长(mm)≤3300			个	QDL	1	1
224101200@3	主	防雨百叶风口(带阀)			个		1	1

图 6.2.5

⑤镀锌钢板风管,1 250×320,$\delta=1.0$,咬口连接。根据《通用安装工程工程量计算规范》(GB 50856—2013)"附录 G 通风空调工程"规定,镀锌钢板风管选择"G.2 通风管道制作安装"中"030702001001 碳钢通风管道",根据图纸信息填写其项目特征。

定额选择"CG0153 镀锌薄钢板矩形风管($\delta=1.2$ mm 以内咬口)长边长(mm) ≤1 250",修改主材名称及规格,清单及定额编制如图 6.2.6 所示。

后续计价内容与任务 5.1 一致,本任务略。

编码	类别	名称	项目特征	主要清单	单位	工程量表达式	含量	工程量
⊟ 030702001003	项	碳钢通风管道	[项目特征] 1.名称:镀锌钢板风管 2.材质:镀锌钢板风管 3.形状:矩形 4.规格:1250*320 5.板材厚度:δ=1.0 6.接口形式:咬口连接	☐	m2	3.08		3.08
⊟ CG0153	定	镀锌薄钢板矩形风管(δ=1.2mm以内咬口)长边长(mm) ≤1250			10m2	QDL	0.1	0.308
01290230001	主	镀锌钢板风管			m2		11.38	3.505
012100310-1	主	角钢			kg		37.565	11.57
012100380-1	主	角钢			kg		0.185	0.057
011900060-1	主	槽钢			kg		16.65	5.1282
011300070-1	主	扁钢			kg		1.095	0.3373
010900017-1	主	圆钢			kg		1.138	0.3505

图 6.2.6

课后任务

计价练习:请根据电子计算书完成建筑通风系统的计价任务。

建筑电气工程计价

任务7.1　建筑供配电系统

素质目标	知识目标	能力目标
（1）通过准确询价和计价,培养良好的职业道德品质和勤勉尽职的职业精神; （2）培养学生总结思考、举一反三的学习习惯; （3）提升工程文本审美素养,培养团队协作精神	掌握利用广联达云计价平台GCCP编制建筑供配电系统施工图预算的方法	（1）能够依据施工图,按照相关规范,结合地区文件,编制建筑供配电系统施工图预算; （2）处理因图纸变更、价格调整等引起的工程造价变化工作

7.1.1　任务信息

根据《某职工服务平台建设工程项目》施工图及该项目"建筑供配电系统工程量计算书（节选）"（表7.1.1）,编制该单位工程招标控制价建筑供配电系统部分。

表7.1.1　建筑供配电系统工程量计算书（节选）

序号	项目名称	规格型号	计量单位	工程量
1	高压开关柜1G1	XGN15-12-21;900×1 100×2 200	台	1
2	游泳池应急照明箱SBALE	$400 \times 500 \times 120$;XL-10-3/40;$P_s = 5$ kW;$K_x = 1$;$\cos \phi = 0.8$;$I_{js} = 9.5$ A	台	1
3	高压电缆桥架	100×50	m	17.20
4	铜母线	TMY-60×6	m	9.60
5	电缆	YJY-8.7/10 kV-3×95	m	12.82

续表

序号	项目名称	规格型号	计量单位	工程量
6	电缆终端头	$3 \times 95 \text{ mm}^2$	个	2
7	立放槽钢支架	⌐10;刷浅灰色防锈漆两遍防腐	kg	458.12

注:本节仅介绍前序计价未涉及的内容,其余本书已讲解过的内容略。

7.1.2　任务分析

本次任务为使用广联达云计价平台 GCCP 编制《某职工服务平台建设工程项目》建筑供配电系统部分招标控制价。在前面完成的计价流程基础上进行编制。

7.1.3　知识链接

编制前,需明确建筑供配电系统前序计量内容所涉及的专业种类,并仔细查阅所涉及专业的计算规范和计价定额中的说明和要求,才能做到正确选用清单,合理套用定额子目,准确取费。

7.1.4　任务实施

1)新建工程

参照前文"新建工程"的讲解进行设置,本任务略。

2)新建单位工程

新建"建筑供配电系统"单位工程,填写"工程信息及特征",如图 7.1.1 所示。

图 7.1.1

3)计算分部分项工程费

(1)创建分部工程

建筑供配电系统包含变压器安装、配电装置安装、母线安装、控制设备及低压电器安装、电缆安装、配管配线、附属工程、刷油工程,设置如图 7.1.2 所示。清晰完整的分部工程可以加快检查思路,提高工作效率。

图 7.1.2

(2)设置清单并套取定额

按照《建筑供配电系统工程量计算书》的内容,选取合理的清单子目,根据规范中附录的项目特征,结合图纸进行详细的项目特征描述,再根据项目特征描述完整合理地套取定额子目。

①高压开关柜 1G1。根据《通用安装工程工程量计算规范》(GB 50856—2013)"附录 D 电气设备安装工程"规定,高压开关柜清单应选取"D.2 配电装置安装"中的"030402017001 高压成套配电柜",根据图纸信息,填写项目特征。

根据项目特征,此项定额选择"CD0102 单母线安装 附真空断路器柜",定额中未包含主材,需要补充主材,清单及定额编制如图 7.1.3 所示。

编码	类别	名称	项目特征	主要清单	单位	工程量表达式	含量	工程量
- C		配电装置安装		☐				
- 030402017001	项	高压成套配电柜	[项目特征] 1. 名称:高压开关柜1G1 2. 型号:XGN15-12-21 3. 规格:900x1100x2200 4. 母线配置方式:单母线配置 5. 种类:进线柜,附真空断路器 6. 基础型钢形式、规格:四周[10槽钢立放、预埋钢板100x100x8mm@1200	☐	台	1		1
CD0102	定	高压成套配电柜安装 单母线柜安装 附真空断路器柜			台	QDL	1	1
补充主材001	主	高压开关柜1G1			台	1		1

图 7.1.3

②游泳池应急照明箱 SBALE。根据《通用安装工程工程量计算规范》(GB 50856—2013)"附录 D 电气设备安装工程"规定,游泳池应急照明箱清单应选取"D.4 控制设备及低压电器安装"中的"030404017001 配电箱",根据图纸信息,填写项目特征。

根据项目特征,此项定额选择"CD0337 成套配电箱安装 悬挂嵌入式半周长(m 以内)1.0",定额中未包含主材,需要补充主材,清单及定额编制如图 7.1.4 所示。

编码	类别	名称	项目特征	主要清单	单位	工程量表达式	含量	工程量
- C		控制设备及低压电器安装		☐				
- 030404017001	项	配电箱	[项目特征] 1. 名称:游泳池应急照明箱SBALE 2. 型号:XL-10-3/40; Pa=6kW; Kx=1; cosΦWC=0.8; Ijs=9.5A 3. 规格:400x500x120 4. 安装方式:底边距地1.8米挂墙明装	☐	台	1		1
CD0337	定	成套配电箱安装 悬挂嵌入式 半周长(m以内) 1.0			台	QDL	1	1
补充主材002@1	主	游泳池应急照明箱SBALE			台	1		1

图 7.1.4

③高压电缆桥架。根据《通用安装工程工程量计算规范》（GB 50856—2013）"附录 D 电气设备安装工程"规定,高压开关柜清单应选取"D. 11 配管、配线"中的"030411003001 桥架",根据图纸信息,填写项目特征。

根据项目特征,此项定额选择"CD1536 钢制槽式桥架安装（宽+高 mm 以下）200",修改主材名称及规格,结果如图 7.1.5 所示。

编码	类别	名称	项目特征	主要清单	单位	工程量表达式	含量	工程量
□ C		配管、配线		□				
□ 030411003001	项	桥架	[项目特征] 1. 名称:高压电缆桥架 2. 型号:托盘式桥架 3. 规格:100*50 4. 材质:钢制 5. 类型:托盘式桥架	□	m	17.20		17.2
□ CD1536	定	钢制槽式桥架安装(宽+高mm以下) 200			10m	QDL	0.1	1.72
290100010@1	主	钢制高压电缆桥架			m		10.1	17.372

图 7.1.5

④铜母线。根据《通用安装工程工程量计算规范》（GB 50856—2013）"附录 D 电气设备安装工程"规定,铜母线清单应选取"D. 3 母线安装"中的"030403003001 带形母线",根据图纸信息,填写项目特征。

根据项目特征,此项定额选择"CD0176 矩形铜母线安装 每相一片截面积（mm^2 以下）360",修改主材名称及规格,结果如图 7.1.6 所示。

编码	类别	名称	项目特征	主要清单	单位	工程量表达式	含量	工程量
□ C		母线安装		□				
□ 030403003001	项	带形母线	[项目特征] 1. 名称:铜母线 2. 型号:TMY-60x6 3. 规格:TMY-60x6 4. 材质:铜制	□	m	9.60		9.6
□ CD0176	定	矩形铜母线安装 每相一片截面积(mm2以下) 360			m/单相	QDL	1	9.6
290500800@1	主	矩形铜母线			m/单相		1.023	9.8208

图 7.1.6

⑤电缆。根据《通用安装工程工程量计算规范》（GB 50856—2013）"附录 D 电气设备安装工程"规定,电缆清单应选取"D. 8 电缆安装"中的"030408001001 电力电缆",根据图纸信息,填写项目特征。

根据项目特征,此项定额选择"CD0820 铜芯电力电缆敷设（截面积 mm^2 以下）120",修改主材名称及规格,结果如图 7.1.7 所示。

编码	类别	名称	项目特征	主要清单	单位	工程量表达式	含量	工程量
□ C		电缆安装		□				
□ 030408001001	项	电力电缆	[项目特征] 1. 名称:电缆 2. 型号:YJY-6.7/10-3x95 3. 规格:YJY-6.7/10-3x95 4. 材质:铜制 5. 敷设方式、部位:高压桥架敷设	□	m	12.82		12.82
□ CD0820	定	铜芯电力电缆敷设(截面积 mm2以下) 120			100m	QDL	0.01	0.1282
281100500@1	主	电力电缆			m		101	12.9482

图 7.1.7

⑥电缆终端头。根据《通用安装工程工程量计算规范》（GB 50856—2013）"附录 D 电气设备安装工程"规定,电缆终端头清单应选取"D. 8 电缆安装"中的"030408006001 电力电缆头",根据图纸信息,填写项目特征。

根据项目特征,此项定额选择"CD0951 室内热(冷)缩铜芯电缆终端头 10 kV 以下(截面积 mm²) 120",修改主材名称及规格,结果如图 7.1.8 所示。

编码	类别	名称	项目特征	主要清单	单位	工程量表达式	含量	工程量
030408006001	项	电力电缆头	[项目特征] 1. 名称:电缆终端头 2. 型号:YJY-8.7/10-3x95 3. 规格:YJY-8.7/10-3x95 4. 材质、类型:电力电缆头 5. 安装部位:电力电缆末端 6. 电压等级(kV):8.7/10kV	☐	个	2		2
CD0951	定	室内热(冷)缩铜芯电缆终端头10kV以下(截面积 mm2) 120			个	QDL	1	2
290700200	主	户内热缩式电缆终端头			套		1.02	2.04

图 7.1.8

⑦立放基础槽钢支架。根据《通用安装工程工程量计算规范》(GB 50856—2013)"附录 D 电气设备安装工程"规定,基础槽钢支架清单应选取"D.13 附属工程"中的"030413001001 铁构件",根据图纸信息,"所有基础槽钢应刷浅灰色防锈漆两遍防腐",填写项目特征。

根据项目特征,此项定额选择"CD2210 基础槽钢制作、安装""CL0011 动力工具除锈 一般钢结构 轻锈""CL0109 金属结构刷油 一般钢结构 防锈漆 第一遍""CL0110 金属结构刷油 一般钢结构 防锈漆 每增一遍",修改主材名称及规格,结果如图 7.1.9 所示。其中,"基础槽钢制作、安装"定额单位为"10 m",只需用清单工程量除以⌈10 槽钢理论重量即可得到,见该项"工程量表达式"。

编码	类别	名称	项目特征	主要清单	单位	工程量表达式	含量	工程量
C		附属工程		☐				
030413001001	项	铁构件	[项目特征] 1. 名称:立放基础槽钢支架 2. 材质:槽钢 3. 规格:[10 4. 刷油要求:轻锈,刷浅灰色防锈漆两遍防腐	☐	kg	458.12		458.12
CD2210	定	基础槽钢制作、安装			10m	QDL/10.007	0.009993	4.578
011900800	主	基础槽(角)钢			m		10.1	46.2378
CL0011	定	动力工具除锈 一般钢结构 轻锈			100kg	QDL	0.01	4.5812
CL0109	定	金属结构刷油 一般钢结构 防锈漆 第一遍			100kg	QDL	0.01	4.5812
130500715-1	主	酚醛防锈漆			kg		0.92	4.2147
CL0110	定	金属结构刷油 一般钢结构 防锈漆 每增一遍			100kg	QDL	0.01	4.5812
130500715-1	主	酚醛防锈漆			kg		0.78	3.5733

图 7.1.9

后续计价内容与任务 5.1 一致,本任务略。

课后任务

计价练习:请根据电子计算书完成建筑供配电系统的计价任务。

任务7.2 建筑电气照明系统

素质目标	知识目标	能力目标
(1)通过准确询价和计价,培养良好的职业道德品质和勤勉尽职的职业精神; (2)培养学生总结思考、举一反三的学习习惯; (3)提升工程文本审美素养,培养团队协作精神	掌握利用广联达云计价平台GCCP编制建筑电气照明系统施工图预算的方法	(1)能够依据施工图,按照相关规范,结合地区文件,编制建筑电气照明工程施工图预算; (2)能处理因图纸变更、价格调整等引起的工程造价变化工作

7.2.1 任务信息

根据《某职工服务平台建设工程项目》施工图及该项目"建筑电气照明系统工程量计算书(节选)"(表7.2.1),编制该单位工程招标控制价建筑电气照明系统部分。

表7.2.1 建筑电气照明系统工程量计算书(节选)

序号	项目名称	规格型号	计量单位	工程量
1	防水型应急双管荧光灯	2×36 W 220 V;T8 三基色灯管;自带蓄电池 应急时间 90 min	套	8
2	防水型安全型带开关双联二三极暗装插座	10 A 250 V	套	5
3	暗装双联单控开关	10 A 250 V	套	1
4	灯头盒	86 型 PVC 灯头盒	个	8
5	插座盒	86 型 PVC 插座盒	个	5
6	开关盒	86 型 PVC 开关盒	个	1
7	配管	SC20	m	38.86
8	配线	管内穿线,WDZCN-BYJ-2.5	m	119.28
9	凿槽	—	m	4.8

注:本节仅介绍前序计价未涉及的内容,其余本书已讲解过的内容略。

7.2.2 任务分析

本任务为使用广联达云计价平台 GCCP 编制《某职工服务平台建设工程项目》建筑电气照明系统部分招标控制价。在前面完成的计价流程基础上进行编制。

7.2.3 知识链接

编制前,需明确建筑电气照明系统前序计量内容所涉及的专业种类,并仔细查阅所涉及专业的计算规范和计价定额中的说明和要求,才能做到正确选用清单,合理套用定额子目,准确取费。

7.2.4 任务实施

1)新建工程及单位工程

参照7.1.4小节"新建工程""新建单位工程"的讲解进行设置,本任务略。

2)计算分部分项工程费

(1)创建分部工程

建筑电气照明系统包含控制设备及低压电器安装、配管配线工程、照明器具安装、附属工程,设置如图7.2.1所示。清晰完整的分部工程可以加快检查思路,提高工作效率。

图7.2.1

(2)设置清单并套取定额

按照《建筑供配电系统工程量计算书》的内容,选取合理的清单子目,根据规范中附录的项目特征,结合图纸进行详细的项目特征描述,再根据项目特征描述完整合理地套取定额子目。

①防水型应急双管荧光灯。根据《通用安装工程工程量计算规范》(GB 50856—2013)"附录D 电气设备安装工程"规定,防水型应急双管荧光灯清单应选取"D.12 照明器具安装"中的"030412005001 荧光灯",根据图纸信息,填写项目特征。

根据项目特征,此项定额选择"CD2080 吊管式 双管",修改主材名称及规格,结果如图7.2.2所示。

编码	类别	名称	项目特征	主要清单	单位	工程量表达式	含量	工程量
□ C		照明器具		☐				
□ 030412005001	项	荧光灯	[项目特征] 1.名称:防水型应急双管荧光灯 2.型号:2*36W,220V1 T8二基色灯管;自带蓄电池 应急时间90min 3.安装形式:管吊,距地2.6米	☐	套	8		8
□ CD2080	定	荧光灯 吊管式 双管			10套	QDL	0.1	0.8
250000010@1	主	防水型应急双管荧光灯			套		10.1	8.08
256100300	主	灯具吊杆			根		20.4	16.32

图7.2.2

②防水型安全型带开关双联二三极暗装插座。根据《通用安装工程工程量计算规范》（GB 50856—2013）"附录 D 电气设备安装工程"规定，防水型安全型带开关双联二三极暗装插座清单应选取"D.4 控制设备及低压电器安装"中的"030404035001 插座"，根据图纸信息，填写项目特征。

根据项目特征，此项定额选择"CD0445 暗插座安装 单相 16A 以下"，修改主材名称及规格，结果如图 7.2.3 所示。

编码	类别	名称	项目特征	主要清单	单位	工程量表达式	含量	工程量
□ C		控制设备及低压电器安装		□				
□ 030404035001	项	插座	[项目特征] 1.名称:防水型安全型带开关双联二三极暗装插座 2.材质:PC材质 3.规格:86型、10A 250V 4.安装方式:壁装,距地0.3m	□	个	5		5
□ CD0445	定	暗插座安装 单相 16A以下			10套	QDL	0.1	0.5
264110600@1	主	防水型安全型带开关双联二三极暗装插座			套		10.2	5.1

图 7.2.3

③暗装双联单控开关。根据《通用安装工程工程量计算规范》（GB 50856—2013）"附录 D 电气设备安装工程"规定，暗装双联单控开关清单应选取"D.4 控制设备及低压电器安装"中的"030404034001 照明开关"，根据图纸信息，填写项目特征。

根据项目特征，此项定额选择"CD0428 翘板暗开关 单控三联以下"，修改主材名称及规格，结果如图 7.2.4 所示。

编码	类别	名称	项目特征	主要清单	单位	工程量表达式	含量	工程量
□ 030404034001	项	照明开关	[项目特征] 1.名称:暗装双联单控开关 2.材质:PC材质 3.规格:86型、10A 250V 4.安装方式:距地1.3m暗装	□	个	1		1
□ CD0428	定	照明开关 翘板暗开关 单控三联以下			10套	QDL	0.1	0.1
263300300	主	照明开关			套		10.2	1.02

图 7.2.4

④灯头盒。根据《通用安装工程工程量计算规范》（GB 50856—2013）"附录 D 电气设备安装工程"规定，灯头盒清单应选取"D.11 配管、配线"中的"030411006001 接线盒"，根据图纸信息，填写项目特征。

根据项目特征，此项定额选择"CD1772 暗装 接线盒"，修改主材名称及规格，结果如图 7.2.5 所示。

编码	类别	名称	项目特征	主要清单	单位	工程量表达式	含量	工程量
□ 030411006001	项	接线盒 灯头盒	[项目特征] 1.名称:灯头盒 2.材质:PC材质 3.规格:86型 4.安装形式:暗装	□	个	8		8
□ CD1772	定	暗装 接线盒			10个	QDL	0.1	0.8
291103900@1	主	灯头盒			个		10.2	8.16

图 7.2.5

⑤插座盒。根据《通用安装工程工程量计算规范》（GB 50856—2013）"附录 D 电气设备安装工程"规定，插座盒清单应选取"D.11 配管、配线"中的"030411006002 接线盒"，根据图纸信息，填写项目特征。

根据项目特征，此项定额选择"CD1771 暗装　开关盒插座盒"，修改主材名称及规格，结果如图 7.2.6 所示。

编码	类别	名称	项目特征	主要清单	单位	工程量表达式	含量	工程量
030411006002	项	接线盒 插座盒	[项目特征] 1. 名称:插座盒 2. 材质:PC材质 3. 规格:86型 4. 安装形式:暗装	☐	个	5		5
CD1771	定	暗装 开关盒插座盒			10个	QDL	0.1	0.5
29110390002	主	插座盒			个		10.2	5.1

图 7.2.6

⑥开关盒。根据《通用安装工程工程量计算规范》(GB 50856—2013)"附录 D 电气设备安装工程"规定,开关盒清单应选取"D.11 配管、配线"中的"030411006003 接线盒",根据图纸信息,填写项目特征。

根据项目特征,此项定额选择"CD1771 暗装 开关盒插座盒",修改主材名称及规格,结果如图 7.2.7 所示。

编码	类别	名称	项目特征	主要清单	单位	工程量表达式	含量	工程量
030411006003	项	接线盒 开关盒	[项目特征] 1. 名称:开关盒 2. 材质:PC材质 3. 规格:86型 4. 安装形式:暗装	☐	个	1		1
CD1771	定	暗装 开关盒插座盒			10个	QDL	0.1	0.1
29110390003	主	开关盒			个		10.2	1.02

图 7.2.7

⑦配管 SC20。根据《通用安装工程工程量计算规范》(GB 50856—2013)附录 D 电气设备安装工程规定,配管清单应选取"D.11 配管、配线"中的"030411001001 配管",根据图纸信息,填写项目特征。

根据项目特征,此项定额选择"CD1364 砖、混凝土结构暗配镀锌钢管公称直径(mm 以内) 20",修改主材名称及规格,结果如图 7.2.8 所示。

编码	类别	名称	项目特征	主要清单	单位	工程量表达式	含量	工程量
030411001001	项	配管	[项目特征] 1. 名称:钢管 2. 材质:钢管 3. 规格:SC20 4. 敷设方式:暗配在砖、混凝土结构内	☐	m	38.86		38.86
CD1364	定	砖、混凝土结构暗配 镀锌钢管 公称直径(mm以内) 20			100m	QDL	0.01	0.3886
170300010001	主	钢管			m		103	40.0258

图 7.2.8

⑧配线。根据《通用安装工程工程量计算规范》(GB 50856—2013)"附录 D 电气设备安装工程"规定,配线清单应选取"D.11 配管、配线"中的"030411004001 配线",根据图纸信息,填写项目特征。

根据项目特征,此项定额选择"CD1602 照明线路 导线截面积(mm² 以内)铜芯 2.5",修改主材名称及规格,结果如图 7.2.9 所示。

编码	类别	名称	项目特征	主要清单	单位	工程量表达式	含量	工程量
030411004001	项	配线	[项目特征] 1. 名称:管内穿线 2. 配线形式:照明线路 3. 型号:WDZCN-BYJ-2.5 4. 规格:WDZCN-BYJ-2.5 5. 材质:铜芯 6. 配线部位:墙板内暗敷 7. 配线线制:三线制	☐	m	119.28		119.28
CD1602	定	照明线路 导线截面积(mm2以内) 铜芯2.5			100m···	QDL	0.01	1.1928
280301700001	主	管内穿线			m		116	138.3648

图 7.2.9

⑨凿槽。根据《通用安装工程工程量计算规范》(GB 50856—2013)"附录 D 电气设备安装工程"规定,凿槽清单应选取"D. 13 附属工程"中的"030413002001 凿(压)槽",根据图纸信息,填写项目特征。

根据《重庆通用安装工程计价定额 第四册 电气设备安装工程》"附录 N 附属工程"章节说明第八条:凿槽、打洞,按照《重庆通用安装工程计价定额 第九册 消防安装工程》中的相应定额子目执行。结合以上项目特征,此项定额选择"CJ0289 槽、沟尺寸(宽×深) 50×50",修改主材名称及规格,结果如图 7.2.10 所示。

编码	类别	名称	项目特征	主要清单	单位	工程量表达式	含量	工程量
		附属工程		☐				
030413002001	项	凿(压)槽	[项目特征] 1. 名称:凿槽 2. 规格:50×50 3. 类型:烧结页岩多孔砖墙凿槽 4. 填充(恢复)方式:按图纸及现行国家规范执行 5. 混凝土标准:按图纸及现行国家规范执行	☐	m	4.8		4.8
CJ0289	定	剔墙槽、沟 砖结构 槽、沟尺寸(宽×深) 50×50			10m	QDL	0.1	0.48

图 7.2.10

后续计价内容与任务 5.1 一致,本任务略。

课后任务

计价练习:请根据电子计算书完成建筑电气照明系统的计价任务。

任务 7.3　建筑防雷接地系统

素质目标	知识目标	能力目标
（1）通过准确询价和计价,培养良好的职业道德品质和勤勉尽职的职业精神; （2）培养学生总结思考、举一反三的学习习惯; （3）提升工程文本审美素养,培养团队协作精神	掌握利用广联达云计价平台 GCCP 编制建筑防雷接地工程招标控制价编制的方法	（1）能够依据施工图,按照相关规范,结合地区文件,编制建筑防雷接地工程施工图预算; （2）能处理因图纸变更、价格调整等引起的工程造价变化工作

7.3.1　任务信息

根据《某职工服务平台建设工程项目》施工图及该项目"建筑防雷接地系统工程量计算书（节选）",（表7.3.1）,编制该单位工程招标控制价建筑防雷接地系统部分。

表 7.3.1　建筑防雷接地系统工程量计算书（节选）

序号	项目名称	规格型号	计量单位	工程量
1	局部等电位箱	160×75×45	套	12
2	避雷网	镀锌圆钢 φ12	m	551.74
3	引下线	利用柱主筋	m	284.48
4	接地扁钢	▬50×5	m	364.82
5	均压环	利用圈梁钢筋	m	635.49

注:本节仅介绍前序计价未涉及的内容,其余本书已讲解过的内容略。

7.3.2　任务分析

本任务为使用广联达云计价平台 GCCP 编制《某职工服务平台建设工程项目》建筑防雷接地系统部分招标控制价。在前面已完成的计价流程基础上进行编制。

7.3.3　知识链接

编制前,需明确建筑防雷接地系统前序计量内容所涉及的专业种类,并仔细查阅所涉及专业的计算规范和计价定额中的说明和要求,才能做到正确选用清单,合理套用定额子目,准确取费。

7.3.4　任务实施

1）新建工程及单位工程

参照 7.1.4 小节"新建工程""新建单位工程"的讲解进行设置,本任务略。

2）计算分部分项工程费

(1)创建分部工程

建筑防雷接地系统包含接地极、避雷引下线、均压环、避雷网、等电位端子箱测试板等,设置如图 7.3.1 所示。清晰完整的分部工程可以加快检查思路,提高工作效率。

图 7.3.1

(2)设置清单并套取定额

按照《建筑防雷接地系统工程量计算书》的内容,选取合理的清单子目,根据规范中附录的项目特征,结合图纸进行详细的项目特征描述,再根据项目特征描述完整合理地套取定额子目。

①局部等电位箱。根据《通用安装工程工程量计算规范》(GB 50856—2013)"附录 D 电气设备安装工程"规定,局部等电位箱清单应选取"D.9 防雷及接地装置"中的"030409008001等电位端子箱、测试板",根据图纸信息,填写项目特征。

根据项目特征,此项定额选择"CD1116 等电位联结 端子箱安装",修改主材名称及规格,结果如图 7.3.2 所示。

编码	类别	名称	项目特征	主要清单	单位	工程量表达式	含量	工程量
—		等电位端子箱测试板		☐				
— 030409008001	项	等电位端子箱、测试板	[项目特征] 1.名称:局部等电位箱 2.材质:冷轧钢板 3.规格:160*75*45	☐	台	12		12
— CD1116	定	等电位联结 端子箱安装			台	QDL	1	12
292501700	主	等电位连接端子箱			台		1	12

图 7.3.2

②避雷网。根据《通用安装工程工程量计算规范》(GB 50856—2013)"附录 D 电气设备安装工程"规定,避雷网清单应选取"D.9 防雷及接地装置"中的"030409005001 避雷网",根据图纸信息,填写项目特征。

根据项目特征,此项定额选择"CD1070 避雷网安装 沿墙明敷设",修改主材名称及规格,结果如图 7.3.3 所示。

207

编码	类别	名称	项目特征	主要清单	单位	工程量表达式	含量	工程量
☐		**避雷网**		☐				
☐ 030409005001	项	避雷网	[项目特征] 1. 名称:避雷网 2. 材质:镀锌圆钢 3. 规格:φ12 4. 安装形式:屋面沿女儿墙、屋面及屋面构架等部位设置环状避雷带,避雷带采用12mm镀锌圆钢明敷。	☐	m	551.74		551.74
☐ CD1070	定	避雷网安装 沿墙明敷设			10m	QDL	0.1	55.174
270500900@1	主	镀锌圆钢			m		10.5	579.327

图 7.3.3

③引下线。根据《通用安装工程工程量计算规范》(GB 50856—2013)"附录 D 电气设备安装工程"规定,引下线清单应选取"D.9 防雷及接地装置"中的"030409003001 避雷引下线",根据图纸信息,填写项目特征。

根据以上项目特征,此项定额选择"CD1066 避雷引下线敷设 利用建筑物主筋引下",结果如图 7.3.4 所示。

编码	类别	名称	项目特征	主要清单	单位	工程量表达式	含量	工程量
☐		**避雷引下线**		☐				
☐ 030409003001	项	避雷引下线	[项目特征] 1. 名称:引下线 2. 材质:利用柱主筋 3. 规格:利用柱主筋 4. 安装部位:根据施工图执行 5. 安装形式:利用图示结构柱内钢筋作引下线,自下而上的连续焊接,凡被用作引流装置的钢筋,每处柱至少不少于两根,主钢筋(WC 16mm)为两根,主钢筋(WC 10~14mm)为四根。钢筋接头处必须搭接焊接,钢筋交叉处加跨接线焊接,而且必须双面焊接,跨线WC ≥12mm,圆钢与圆钢搭接时,搭接长度(焊接长度)为圆钢直径的六倍,与角钢搭接时搭接长度为扁钢宽度的两倍,引下线间距不大于18米,在图示位置柱上距地0.5米处设预埋连接板,供测量接地电阻用	☐	m	284.48		284.48
CD1066	定	避雷引下线敷设 利用建筑物主筋引下			10m	QDL	0.1	28.448

图 7.3.4

④接地扁钢。根据《通用安装工程工程量计算规范》(GB 50856—2013)"附录 D 电气设备安装工程"规定,接地扁钢清单应选取"D.9 防雷及接地装置"中的"030409002001 接地母线",根据图纸信息,填写项目特征。

根据项目特征,此项定额选择"CD1059 户内接地母线敷设",修改主材名称及规格,结果如图 7.3.5 所示。

编码	类别	名称	项目特征	主要清单	单位	工程量表达式	含量	工程量
☐		**接地极**		☐				
☐ 030409002001	项	接地母线	[项目特征] 1. 名称:接地扁钢 2. 材质:扁钢 3. 规格:-50*5 4. 安装部位:基础层 5. 安装形式:利用基础内钢筋兼作接地极。若各独立基础,墙下条形基础,筒体板式基础之间未连通的,需采用-50x5镀锌扁钢将上述各部分连成闭合电气通路。人工接地装置埋深不小于0.5米。详见基础接地平面图	☐	m	364.82		364.82
☐ CD1060	定	户外接地母线敷设(主线截面积 mm2以内)200			10m	QDL	0.1	36.482
270600300	主	接地母线			m		10.5	383.061

图 7.3.5

⑤均压环。根据《通用安装工程工程量计算规范》（GB 50856—2013）"附录 D 电气设备安装工程"规定，均压环清单应选取"D.9 防雷及接地装置"中的"030409004001 均压环"，根据图纸信息，填写项目特征。

根据项目特征，此项定额选择"CD1068 均压环敷设 利用圈梁钢筋"，修改主材名称及规格，结果如图 7.3.6 所示。

编码	类别	名称	项目特征	主要清单	单位	工程量表达式	含量	工程量
—		均压环		☐				
⊟ 030409004001	项	均压环	[项目特征] 1.名称:均压环 2.材质:利用圈梁钢筋 3.规格:利用圈梁钢筋 4.安装形式:30米高度以下每隔6米沿建筑物四周设水平避雷带作为均压环,30米高度及以上每层沿建筑物四周水平避雷带作为均压环(均利用圈梁内主钢筋连成环)并与引下线连接。建筑物的金属结构和金属设备均应与均压环相连。为防侧击雷,所有外墙的铝合金门窗、空调百叶窗、金属栏杆均须与防雷装置连接	☐	m	635.49		635.49
∟ CD1068	定	均压环敷设 利用圈梁钢筋			10m	QDL	0.1	63.549

图 7.3.6

后续计价内容与任务 5.1 一致，本任务略。

课后任务

计价练习：请根据电子计算书完成建筑防雷接地系统的计价任务。

模块 **8**

建筑智能化工程计价

任务8.1 火灾自动报警系统

素质目标	知识目标	能力目标
（1）通过准确询价和计价，培养良好的职业道德品质和勤勉尽职的职业精神； （2）培养学生总结思考、举一反三的学习习惯； （3）提升工程文本审美素养，培养团队协作精神	掌握利用广联达云计价平台GCCP编制火灾自动报警系统施工图预算的方法	（1）能够依据施工图，按照相关规范，结合地区文件，编制火灾自动报警系统施工图预算； （2）能处理因图纸变更、价格调整等引起的工程造价变化工作

8.1.1　任务信息

根据《某职工服务平台建设工程项目》施工图及该项目"火灾自动报警系统工程量计算书（节选）"（表8.1.1），编制该单位工程招标控制价火灾自动报警系统部分。

表8.1.1　火灾自动报警系统程量计算书（节选）

序号	项目名称	规格型号	计量单位	工程量
1	接线端子箱	LD-JX100	台	8
2	感烟探测器	JTY-GD-G3	个	162
3	单输入输出联动模块	LD-8301	个	4
4	消防金属线槽	50×50	m	10.16
5	吊架	L40×4	kg	135.32
6	报警联动总线（BJ）	WDZCN-RVS-2×1.5	m	117.71

序号	项目名称	规格型号	计量单位	工程量
7	24 V 电源总线(DY)	WDZDN-BYJ-2×1.5	m	235.42
8	配管	PC16	m	753.68

注:本节仅介绍前序计价未涉及的内容,其余本书已讲解过的内容略。

8.1.2　任务分析

本次任务为使用广联达云计价平台 GCCP,编制《某职工服务平台建设工程项目》火灾自动报警系统部分招标控制价。在前面已完成的计价流程基础上进行编制。

8.1.3　知识链接

编制前,需明确火灾自动报警系统前序计量内容所涉及的专业种类,并仔细查阅所涉及专业的计算规范和计价定额中的说明和要求,才能做到正确选用清单,合理套用定额子目,准确取费。

8.1.4　任务实施

1)新建工程

参照前文"新建工程"的讲解进行设置,本任务略。

2)新建单位工程

新建"火灾自动报警系统"单位工程,填写"工程信息及特征",如图8.1.1所示。

图8.1.1

3)计算分部分项工程费

(1)创建分部工程

火灾自动报警系统中设备属于《通用安装工程工程量计算规范》(GB 50856—2013)"附录J消防工程",配管配线属于"附录D电气设备安装工程",若需在单项工程"火灾自动报警系统"下设分部工程,可按设备、配管及配线、附属工程来设置,如图8.1.2所示。清晰完整的分部工程可以加快检查思路,提高工作效率。

图 8.1.2

(2)设置清单并套取定额

按照《火灾自动报警系统工程量计算书》的内容,选取合理的清单子目,根据规范中附录的项目特征,结合图纸进行详细的项目特征描述,再根据项目特征描述完整合理地套取定额子目。

①接线端子箱。根据《通用安装工程工程量计算规范》(GB 50856—2013)"附录 J 消防工程"规定,接线端子箱清单应选取"J.4 火灾自动报警系统"中的"030904008001 模块(模块箱)",根据图纸信息,填写项目特征。

根据项目特征,此项定额选择"CJ0209 多输入多输出",定额中未包含主材,需要补充主材,结果如图 8.1.3 所示。

编码	类别	名称	项目特征	主要清单	单位	工程量表达式	含量	工程量
□ C		设备		□				
□ 030904008001	项	模块(模块箱)	[项目特征] 1.名称:接线端子箱 2.规格:LD-JX100 3.类型:隔爆型模块箱	□	台	8		8
□ CJ0209	定	控制模块安装 多输入多输出			只	QDL	1	8
补充主材001	主	接线端子箱			只		1	8

图 8.1.3

②感烟探测器。根据《通用安装工程工程量计算规范》(GB 50856—2013)"附录 J 消防工程"规定,感烟探测器清单应选取"J.4 火灾自动报警系统"中的"030904001001 点型探测器",根据图纸信息,填写项目特征。

根据项目特征,此项定额选择"CJ0187 点型探测器安装 感烟",定额中未包含主材,需要补充主材,结果如图 8.1.4 所示。

编码	类别	名称	项目特征	主要清单	单位	工程量表达式	含量	工程量
□ 030904001001	项	点型探测器	[项目特征] 1.名称:感烟探测器 2.规格:JTY-GD-G3 3.线制:总线制 4.类型:点型	□	个	162		162
□ CJ0187	定	点型探测器安装 感烟			只	QDL	1	162
补充主材002	主	感烟探测器			只		1	162

图 8.1.4

③单输入输出联动模块。根据《通用安装工程工程量计算规范》(GB 50856—2013)"附录 J 消防工程"规定,单输入输出联动模块应选取"J.4 火灾自动报警系统"中的"030904008002 模块(模块箱)",根据图纸信息,填写项目特征。

根据项目特征,此项定额选择"CJ0208 单输入单输出",定额中未包含主材,需要补充主材,结果如图 8.1.5 所示。

编码	类别	名称	项目特征	主要清单	单位	工程量表达式	含量	工程量
⊟ 030904008002	项	模块(模块箱)	[项目特征] 1.名称:单输入输出联动模块 2.规格:LD-6301 3.类型:单输入单输出	☐	个	4		4
⊟ CJ0208	定	控制模块安装 单输入单输出			只	QDL	1	4
补充主材003@1	主	单输入输出联动模块			只		1	4

图 8.1.5

④消防金属线槽。根据《通用安装工程工程量计算规范》(GB 50856—2013)"附录 D 电气设备安装工程"规定,消防金属线槽清单应选取"D.11 配管、配线"中的"030411002001 线槽",根据图纸信息,填写项目特征。

根据项目特征,此项定额选择"CD1532 金属线槽敷设(宽+高 mm 以内)120",修改主材名称及规格,结果如图 8.1.6 所示。

编码	类别	名称	项目特征	主要清单	单位	工程量表达式	含量	工程量
⊟		配管及配线		☐				
⊟ 030411002001	项	线槽	[项目特征] 1.名称:消防金属线槽 2.材质:消防金属线槽 3.规格:50*50	☐	m	10.16		10.16
⊟ CD1532	定	金属线槽敷设(宽+高 mm以内)120			10m	QDL	0.1	1.016
290300300@1	主	消防金属线槽			m		10.3	10.4648

图 8.1.6

⑤吊架。根据《通用安装工程工程量计算规范》(GB 50856—2013)"附录 D 电气设备安装工程"规定,消防金属线槽清单应选取"D.13 附属工程"中的"030413001 铁构件",根据图纸信息,"所有桥架支架应刷浅灰色防锈漆两遍防腐",填写项目特征。

根据项目特征,此项定额选择"CD2212 电缆桥架支撑架 制作""CD2213 电缆桥架支撑架 安装""CL0011 动力工具除锈 一般钢结构 轻锈""CL0109 金属结构刷油 一般钢结构 防锈漆 第一遍""CL0110 金属结构刷油 一般钢结构 防锈漆 每增一遍",修改主材名称及规格,结果如图 8.1.7 所示。其中,电缆桥架支撑架的制作及安装的定额单位为"t",需用清单工程量乘以 0.001 即可得到,见该项"工程量表达式"。

编码	类别	名称	项目特征	主要清单	单位	工程量表达式	含量	工程量
⊟		附属工程		☐				
⊟ 030413001002	项	铁构件	[项目特征] 1.名称:吊架 2.材质:角钢 3.规格:40*4 4.刷油要求:刷浅灰色防锈漆两遍	☐	kg	135.32		135.32
⊟ CD2212	定	电缆桥架支撑架 制作			t	QDL *0.001	0.001	0.1353
011900010-1@1	主	角钢			kg		750	101.475
012100010-1	主	角钢			kg		300	40.59
CD2213	定	电缆桥架支撑架 安装			t	QDL *0.001	0.001	0.1353
CL0011	定	动力工具除锈 一般钢结构 轻锈			100kg	QDL	0.01	1.3532
⊟ CL0109	定	金属结构刷油 一般钢结构 防锈漆 第一遍			100kg	QDL	0.01	1.3532
130500715-1	主	酚醛防锈漆			kg		0.92	1.2449
⊟ CL0110	定	金属结构刷油 一般钢结构 防锈漆 每增一遍			100kg	QDL	0.01	1.3532
130500715-1	主	酚醛防锈漆			kg		0.78	1.0555

图 8.1.7

⑥报警联动总线(BJ)。根据《通用安装工程工程量计算规范》(GB 50856—2013)"附录 D 电气设备安装工程"规定,报警联动总线(BJ)清单应选取"D.11 配管、配线"中的

"030411004001 配线",根据图纸信息,填写项目特征。

根据以上项目特征,此项定额选择"CD1724 铜多芯软导线(芯以内)二芯导线截面积（mm² 以内）1.5",修改主材名称及规格,结果如图 8.1.8 所示。

编码	类别	名称	项目特征	主要清单	单位	工程量表达式	含量	工程量
030411004003	项	配线	[项目特征] 1.名称:报警联动总线(BJ) 2.配线形式:火灾自动报警线路 3.型号:WDZCN-RVS-2*1.5 4.规格:WDZCN-RVS-2*1.5 5.材质:铜芯 6.配线部位:线槽配线 7.配线线制:一线制	□	m	117.71		117.71
CD1724	定	铜多芯软导线(芯以内)二芯 导线截面积(mm2以内) 1.5			100m/束	QDL	0.01	1.1771
28030170021	主	WDZCN-RVS-2*1.5			m		108	127.1268

图 8.1.8

⑦24 V 电源总线（DY）。根据《通用安装工程工程量计算规范》（GB 50856—2013）"附录 D 电气设备安装工程"规定,24 V 电源总线（BJ）清单应选取"D.11 配管、配线"中的"030411004002 配线",根据图纸信息,填写项目特征。

根据以上项目特征,此项定额选择"CD1714 线槽配线导线截面积（mm² 以内）2.5",修改主材名称及规格,结果如图 8.1.9 所示。

编码	类别	名称	项目特征	主要清单	单位	工程量表达式	含量	工程量
030411004002	项	配线	[项目特征] 1.名称:24V电源总线 2.配线形式:火灾自动报警线路 3.型号:WDZDN-BYJ-1.5 4.规格:WDZDN-BYJ-1.5 5.材质:铜芯 6.配线部位:线槽配线 7.配线线制:两线制	□	m	235.42		235.42
CD1714	定	铜单芯导线 线槽配线导线截面积(mm2以内) 2.5			100m单线	QDL	0.01	2.3542
28030170022	主	WDZDN-BYJ-1.5			m		105	247.191

图 8.1.9

⑧配管。根据《通用安装工程工程量计算规范》（GB 50856—2013）"附录 D 电气设备安装工程"规定,配管清单应选取"D.11 配管、配线"中的"030411001001 配管",根据图纸信息,填写项目特征。

根据以上项目特征,此项定额选择"CD1455 砖、混凝土结构暗配电工硬质塑料绝缘套管外径(mm 以内) 16",修改主材名称及规格,结果如图 8.1.10 所示。

编码	类别	名称	项目特征	主要清单	单位	工程量表达式	含量	工程量
030411001002	项	配管	[项目特征] 1.名称:配管 2.材质:PC16 3.规格:PC16 4.敷设方式:暗配在砖、混凝土结构内	□	m	753.68		753.68
CD1455	定	砖、混凝土结构暗配 电工硬质塑料绝缘套管 外径(mm以内) 16			100m	QDL	0.01	7.5368
18290130021	主	电工硬质塑料绝缘套管			m		106	798.9008

图 8.1.10

后续计价内容与任务 5.1 一致,本任务略。

课后任务

计价练习:请根据电子计算书完成火灾自动报警系统的计价任务。

任务 8.2　其他弱电系统

素质目标	知识目标	能力目标
（1）通过准确询价和计价,培养良好的职业道德品质和勤勉尽职的职业精神; （2）培养学生总结思考、举一反三的学习习惯; （3）提升工程文本审美素养,培养团队协作精神	掌握利用广联达云计价平台GCCP 编制弱电系统施工图预算的方法	（1）能够依据施工图,按照相关规范,结合地区文件,编制弱电系统施工图预算; （2）能处理因图纸变更、价格调整等引起的工程造价变化工作

8.2.1　任务信息

根据《某职工服务平台建设工程项目》施工图及该项目"弱电系统工程量计算书（节选）"（表8.2.1）,编制该单位工程招标控制价弱电系统部分。

表 8.2.1　弱电系统程量计算书（节选）

序号	项目名称	规格型号	计量单位	工程量
1	弱电金属线槽	300×100	m	53.26
2	支架	L 40×4	kg	843.84
3	配管	PC20	m	15.77

注:本节仅介绍前序计价未涉及的内容,其余本书已讲解过的内容略。

8.2.2　任务分析

本次任务为使用广联达云计价平台 GCCP 软件,编制《某职工服务平台建设工程项目》弱电系统部分招标控制价。在前面已完成的计价流程基础上进行编制。

8.2.3　知识链接

编制前,需明确弱电系统前序计量内容所涉及的专业种类,并仔细查阅所涉及专业的计算规范和计价定额中的说明和要求,才能做到正确选用清单,合理套用定额子目,准确取费。

8.2.4　任务实施

1)新建工程及单位工程

参照前文"新建工程""新建单位工程"的讲解进行设置,本任务略。

2)计算分部分项工程费

(1)创建分部工程

《某职工服务平台建设工程项目》的弱电系统中包括弱电金属线槽、配管,设置如图8.2.1所示。清晰完整的分部工程可以加快检查思路,提高工作效率。

图8.2.1

(2)设置清单并套取定额

按照《弱电系统工程量计算书》的内容,选取合理的清单子目,根据规范中附录的项目特征,结合图纸进行详细的项目特征描述,再根据项目特征描述完整合理地套取定额子目。

①弱电金属线槽。根据《通用安装工程工程量计算规范》(GB 50586—2013)附录 D 电气设备安装工程规定,弱电线槽清单应选取"D.11 配管、配线"中的"030411002 线槽",根据图纸信息,填写项目特征。

根据项目特征,此项定额选择"CD1534 金属线槽敷设(宽+高 mm 以内)600",修改主材名称及规格,结果如图8.2.2所示。

编码	类别	名称	项目特征	主要清单	单位	工程量表达式	含量	工程量
−		配管及配线		☐				
− 030411002002	项	线槽	[项目特征] 1.名称:弱电金属线槽 2.材质:弱电金属线槽 3.规格:300*100	☐	m	53.26		53.26
− CD1534	定	金属线槽敷设(宽+高 mm以内) 600			10m	QDL	0.1	5.326
29030030002	主	弱电金属线槽			m		10.3	54.8578

图8.2.2

②支架。根据《通用安装工程工程量计算规范》(GB 50586—2013)附录 D 电气设备安装工程规定,消防金属线槽清单应选取"D.13 附属工程"中的"030413001001 铁构件",根据图纸信息,"所有桥架支架应刷浅灰色防锈漆两遍防腐",填写项目特征。

根据项目特征,此项定额选择"CD2212 电缆桥架支撑架 制作""CD2213 电缆桥架支撑架 安装""CL0011 动力工具除锈 一般钢结构 轻锈""CL0109 金属结构刷油 一般钢结构 防锈漆 第一遍""CL0110 金属结构刷油 一般钢结构 防锈漆 每增一遍",修改主材名称及规格,结果如图8.2.3所示。其中,电缆桥架支撑架的制作及安装的定额单位为"t",需用清单工程量乘以0.001 即可得到,见该项"工程量表达式"。

③配管。根据《通用安装工程工程量计算规范》(GB 50586—2013)附录 D 电气设备安装工程规定,配管清单应选取"D.11 配管、配线"中的"030411001 配管",根据图纸信息,填写项目特征。

编码	类别	名称	项目特征	主要清单	单位	工程量表达式	含量	工程量
		附属工程		☐				
⊟ 030413001003	项	铁构件	[项目特征] 1.名称:吊架 2.材质:角钢 3.规格:40*4 4.刷油要求:刷浅灰色防锈漆两遍	☐	kg	843.84		843.84
⊟ CD2212	定	电缆桥架支撑架 制作			t	QDL *0.001	0.001	0.8438
011900010-1@1	主	角钢			kg		750	632.85
012100010-1	主	角钢			kg		300	253.14
CD2213	定	电缆桥架支撑架 安装			t	QDL *0.001	0.001	0.8438
CL0011	定	动力工具除锈 一般钢结构 轻锈			100kg	QDL	0.01	8.4384
⊟ CL0109	定	金属结构刷油 一般钢结构 防锈漆 第一遍			100kg	QDL	0.01	8.4384
130500715-1	主	酚醛防锈漆			kg		0.92	7.7633
⊟ CL110	定	金属结构刷油 一般钢结构 防锈漆 每增一遍			100kg	QDL	0.01	8.4384
130500715-1	主	酚醛防锈漆			kg		0.78	6.582

图 8.2.3

根据项目特征,此项定额选择"CD1456 砖、混凝土结构暗配 电工硬质塑料绝缘套管外径(mm 以内)20",修改主材名称及规格,结果如图 8.2.4 所示。

编码	类别	名称	项目特征	主要清单	单位	工程量表达式	含量	工程量
⊟ 030411001003	项	配管	[项目特征] 1.名称:配管 2.材质:PC20 3.规格:PC20 4.敷设方式:暗配在砖、混凝土结构内	☐	m	15.77		15.77
⊟ CD1456	定	砖、混凝土结构暗配 电工硬质塑料绝缘套管外径(mm以内) 20			100m	QDL	0.01	0.1577
18290130002	主	电工硬质塑料绝缘套管			m		106	16.7162

图 8.2.4

后续计价内容与任务 5.1 一致,本任务略。

(3)项目自检

在导出《招标书》《招标控制价》文件前,应先进行项目自检,重点检查项目清单编码重复和单位不一致的情况。清单编码重复主要是十二位清单编码中的后三位顺序码重复,软件在编制时会根据所选清单自动生成后三位顺序码,且在同一单位工程中的顺序码不重复,但不同单位工程之间无法识别。因此会存在清单编码重复的情况,如图 8.2.5 所示,需要项目自检后进行修改。

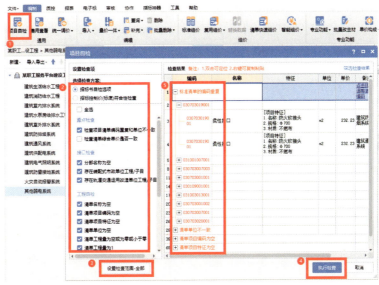

图 8.2.5

其次,还应检查是否存在清单单位不一致、清单项目编码为空、清单项目特征为空、清单工程量为1等问题。逐一进行修改,确认无误后才能导出《招标书》《招标控制价》等文件。

课后任务

计价练习:请根据电子计算书完成其他弱电系统的计价任务。

主要参考文献

［1］边凌涛. 安装工程识图与施工工艺［M］. 重庆：重庆大学出版社，2016.

［2］中华人民共和国住房和城乡建设部，国家质量监督检验检疫总局. 建设工程工程量清单
计价规范：GB 50500—2013［S］. 北京：中国计划出版社，2013.

［3］重庆市城乡建设委员会. 重庆市建设工程工程量清单计价规则：CQJJGZ—2013［S］. 北京：
中国建材工业出版社，2013.

［4］重庆市城乡建设委员会. 重庆市建设工程工程量计算规则：CQJLGZ—2013［S］. 北京：中
国建材工业出版社，2013

［5］代端明. 建筑水电安装工程识图与算量［M］. 重庆：重庆大学出版社，2016.

［6］中华人民共和国建设部，国家质量监督检验检疫总局. 建筑给水排水及采暖工程施工质
量验收规范：GB 50242—2002［S］. 北京：中国标准出版社，2004.

［7］中华人民共和国住房和城乡建设部，国家质量监督检验检疫总局. 自动喷水灭火系统施
工及验收规范：GB 50261—2017［S］. 北京：中国计划出版社，2017.

［8］中华人民共和国住房和城乡建设部，国家质量监督检验检疫总局. 通风与空调工程施工
质量验收规范：GB 50243—2016［S］. 北京：中国计划出版社，2017.

［9］中华人民共和国住房和城乡建设部，国家市场监督管理总局. 电气装置安装工程 电缆线
路施工及验收标准：GB 50168—2018［S］. 北京：中国计划出版社，2018.

［10］中华人民共和国住房和城乡建设部，国家市场监督管理总局. 火灾自动报警系统施工及
验收标准：GB 50166—2019［S］. 北京：中国计划出版社，2020.

［11］中华人民共和国住房和城乡建设部，国家质量监督检验检疫总局. 建筑电气工程施工质
量验收规范：GB 50303—2015［S］. 北京：中国建筑工业出版社，2016.